改訂 7 版

農地転用許可制度の手引

全国農業委員会ネットワーク機構
一般社団法人 全国農業会議所

はじめに

農地転用許可の基準は、昭和34年に計画的合理的な土地利用の推進と優良農地の確保を図ることを旨として農林事務次官通知で定められ、その後農家の安定的な就業機会の確保等農村の活性化に必要な転用を第一種農地でも認める等の改正が行われてきました。平成10年には行政事務の一層の明確化を図るため、農地転用許可基準は農地法に法定化されました。平成21年の改正農地法等では、これまで許可不要とされていた国または都道府県が行う学校や病院などの公共施設への転用を協議の対象にするなど優良農地をより確保することとしました。

平成28年4月1日からは第5次地方分権一括法により許可権限はすべて都道府県知事等の権限（4ヘクタール超の農地転用については、当分の間、農林水産大臣との協議）となったほか、農業協同組合法等の一部を改正する等の法律により、農業委員会が都道府県知事等に農地転用について意見を送付するときは、あらかじめ都道府県農業委員会ネットワーク機構（都道府県農業会議）の意見を聴くこととする等の改正が行われました。

本書は、農地転用許可制度について広く理解いただくためにわかりやすく解説したもので、平成30年の農地法改正による「農作物栽培高度化施設」に関する特例とともに、令和元年の農地法改正で設けられた農地の利用の集積に支障を及ぼすおそれがあると認められた場合等の不許可要件の追加、一時転用許可が必要となる営農型太陽光発電設備の取扱いや違反転用に対する措置も新たに盛り込みました。

本書が、農地転用の事務に携わる農業委員会や都道府県などの方々はもとより各種開発事業に携わる関係者等にも許可制度の仕組みと運用の考え方について理解していただくための一助になれば幸いです。

最後に、本書の改訂に当たりご協力をいただいた皆様に紙面を借りて厚くお礼を申し上げる次第です。

令和3年3月

全国農業委員会ネットワーク機構
一般社団法人 全国農業会議所

CONTENTS

第１章　農地転用許可制度のあらまし

第２章　農地転用許可基準について

特例・違反措置

参考資料

法律の略称

農地法：法

農地法施行令：令

農地法施行規則：則

第1章

農地転用許可制度のあらまし

I 制度の目的

我が国は、国土が狭小でしかも可住地面積が小さく、かつ、多くの人口を抱えていることから、土地利用について種々の競合が生じます。このため、国土の計画的合理的利用を促進することが重要な課題となっています。

このような中で、農地法に基づく農地転用許可制度では、食料供給の基盤である優良農地の確保という要請と住宅地や工業用地など非農業的土地利用という要請との調整を図り、かつ計画的な土地利用を確保するという観点から、農地を立地条件等により区分し、土地価格や土地の広がり等の面からややもすれば優良農地が選好されやすい開発需要を農業上の利用に支障の少ない農地に誘導するとともに、具体的な土地利用計画を伴わない資産保有目的又は投機目的での農地取得は認めないこととされています。

II 制度の内容

農地を転用する場合又は農地を転用するために所有権等の権利を設定若しくは移転する場合には、都道府県知事等の許可を受けなければならないこととなっています**（法第4条、5条）**。

市街化区域内の農地を転用する場合には、農業委員会にあらかじめ届出を行えば許可を要しません**（法第4条第1項第8号、第5条第1項第7号）**。

なお、この許可を受けないで無断で農地を転用した場合や、転用許可に係る事業計画どおりに転用していない場合には、農地法に違反することとなり、都道府県知事等から工事の中止や原状回復等の命令がなされる場合があります（農地法第51条）。また、①

原状回復等の命令に定める期日までに命令に係る措置を講ずる見込みがないとき、②違反転用者を確知できないとき、③緊急に原状回復措置を講ずる必要があるときには、都道府県知事等が自ら原状回復等の措置を講ずる場合があります。

この場合、原状回復に要した費用については、原則として、違反転用をした者から徴収し、納付を拒まれた場合には、国税滞納処分の例により徴収することがあります（農地法第 51 条）。

違反転用や原状回復命令違反については、個人にあっては３年以下の懲役又は 300 万円以下の罰金、法人にあっては１億円以下の罰金という罰則の適用があります（農地法第 64 条、67 条）。

また、この許可を受けないで、転用を目的として売買、賃貸等を行った場合は、その所有権移転、賃借権設定等の効力が生じません**（法第３条第６項、第５条第３項）**。

農地法	許可が必要な場合	許可申請者	許可権者	許可不要の場合
第4条	自分の農地を転用する場合	転用を行う者（農地所有者等）	・都道府県知事 ・指定市町村の長	・国、都道府県、指定市町村が転用する場合（学校、社会福祉施設、病院、庁舎又は宿舎のために転用する場合を除く。） ・市町村（指定市町村を除く。）が道路、河川等土地収用法対象事業（土地収用法第3条を参照。）のために転用する場合（学校、社会福祉施設、病院又は市役所、特別区の区役所若しくは町村役場のために転用する場合を除く。）等
第5条	事業者等が農地を買って（又は借りて）転用する場合	売主（貸主）（農地所有者）と買主（借主）（転用事業者）		

（注 1）：4ha を超える農地について転用を都道府県知事等が許可しようとする場合には、あらかじめ農林水産大臣に協議することとされています。

（注 2）：指定市町村とは、農地転用許可制度を適正に運用し、優良農地を確保する目標を立てるなどの要件を満たしているものとして、農林水産大臣が指定する市町村のことをいいます。指定市町村は、農地転用許可制度において、都道府県と同様の権限を有することになります。

Ⅲ　許可を要しない場合

（法第４条第１項各号、第５条第１項各号、則第 29 条、53 条）

①　市街化区域内の農地についてあらかじめ農業委員会に届け出て転用する場合

② 国、都道府県等が転用する場合（学校、社会福祉施設、病院、庁舎又は宿舎のために転用する場合は除かれているのでこれらについては許可権者と協議が必要となります。※）

※ 協議が整えば、許可があったものとみなされます。

③ 市町村が土地収用対象事業の用に供するため転用する場合（学校、社会福祉施設、病院又は市役所、特別区の区役所若しくは町村役場のために転用する場合を除く。）等

なお、底面の全部がコンクリート等で覆われた農業用施設については、従来は農地転用に該当すると判断されてきましたが、平成30年の農地法改正により、一定の基準を満たす「農作物栽培高度化施設」で農業委員会に届け出し、受理された場合には農地転用に該当しないものとされました。

Ⅳ 転用許可等の手続

許可を受けようとする者は、許可申請書に所定の事項を記載し、その農地の所在地を管轄する農業委員会を経由して、都道府県知事等に提出します。

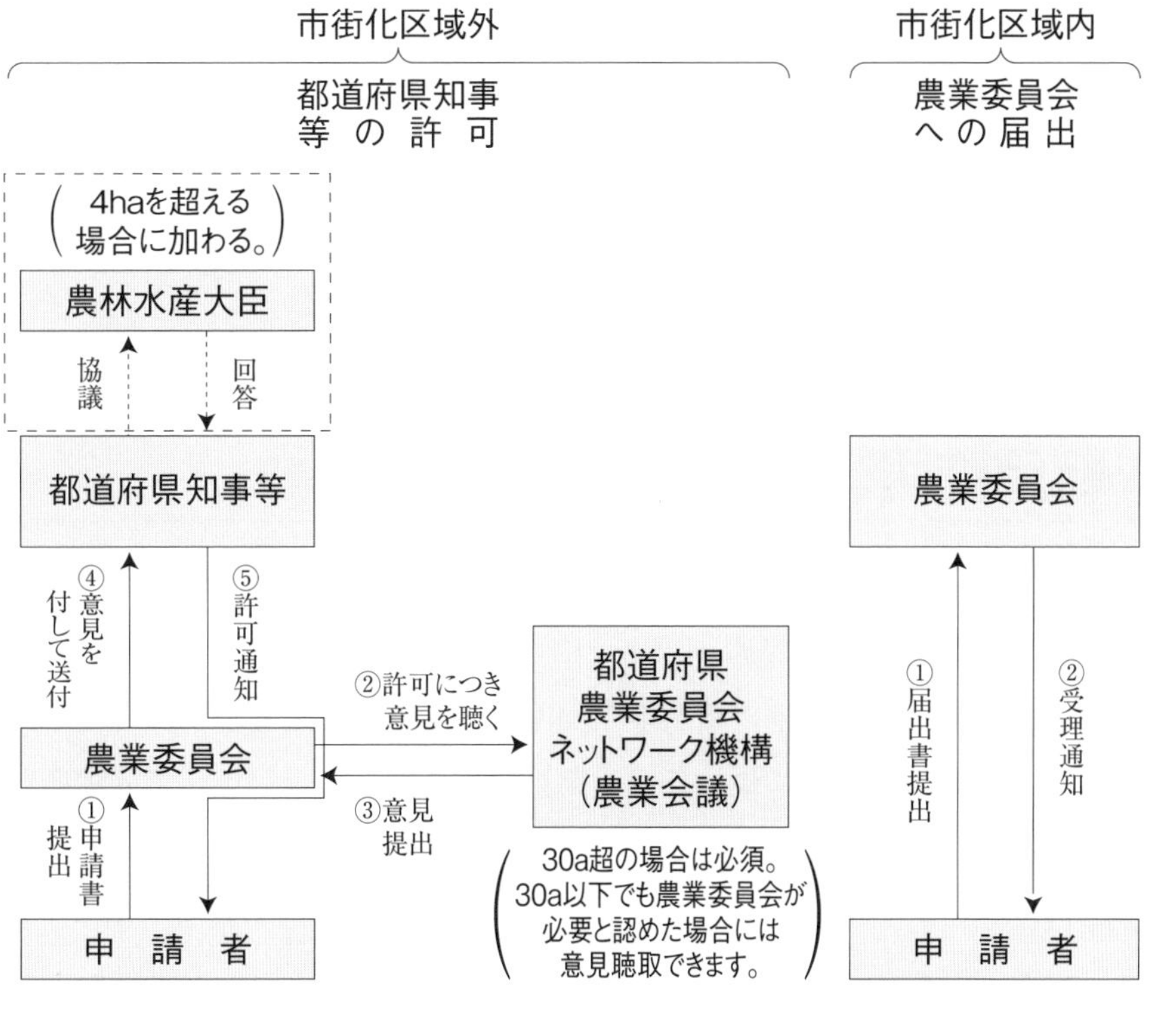

○農地転用関係手続の標準的な事務処理期間

農地転用関係の手続を迅速に処理するため、標準的な事務処理期間を設け、原則としてこの期間内に事務処理を終えるようにされています。

各機関別の標準的な事務処理期間

	農業委員会による意見書の送付	都道府県知事等による許可等の処分又は協議書の送付	地方農政局長等による協議に対する回答の通知
(1) 都道府県知事等の許可に関する事案（農業委員会が都道府県農業委員会ネットワーク機構に意見を聴かない事案）	申請書の受理後 ３週間	申請書及び意見書の受理後２週間	－
(2) 都道府県知事等の許可に関する事案（農業委員会が都道府県農業委員会ネットワーク機構に意見を聴く事案）	申請書の受理後 ４週間	申請書及び意見書の受理後２週間	－
うち農地法附則第２項の農林水産大臣への協議を要する事案	申請書の受理後 ４週間	（協議書の送付） 申請書及び意見書の受理後１週間 （許可等の処分） 申請書及び意見書の受理後２週間	協議書受理後 １週間

V 転用許可基準の概要

法第４条第６項は、農地転用許可の基準を規定しており、農地の転用が本条第６項第１号から６号までのいずれかに該当する場合には許可することができないこととなっています（法第５条第２項の許可の基準についても、同様の考え方です。）。

ただし、第１号及び第２号については本条第６項ただし書及び政令で定める相当の事由がある場合には、例外的に許可し得ることとされています。

許可基準は、

(1)　農地をその営農条件及び周辺の市街地化の状況からみて区分し、許可の可否を判

断する基準（**立地基準**）と、

⑵　農地転用の確実性や周辺農地への被害の防除措置の妥当性などを審査する基準（**一般基準**）

に大別されます。これを簡単に説明すると次のとおりです。

1　立地基準　（1号及び2号）

⑴　次に掲げる農地の転用は許可しない。

①　農用地区域内にある農地（**法第4条第6項第1号イ**）

②　集団的に存在している農地その他の良好な営農条件を備えている農地（**法第4条第6項第1号ロ、令第5条。第1種農地**）

③　市街化調整区域内において特に良好な営農条件を備えている農地（**法第4条第6項第1号ロ、令第6条。甲種農地**）

不許可の例外

①　土地収用法第26条第1項の規定による告示（他の法律の規定による告示又は公告で同項の規定による告示とみなされるものを含む。）に係る事業の用に供する場合（**法第4条第6項ただし書**）。

②　農用地区域内農地を農業振興地域の整備に関する法律第8条第4項に規定する農用地利用計画において指定された用途に供する場合（**法第4条第6項ただし書**）。

③　その他政令で定める相当の事由がある場合（**令第4条**）。

⑵　次に掲げる農地（**第2種農地**）を転用する場合は、立地の代替性が認められるときには許可しない。

①　市街地の区域又は市街地化の傾向が著しい区域に近接する区域その他市街地化が見込まれる区域内にある農地（**法第4条第6項第1号ロ (2)、令第8条**）。

②　農業公共投資の対象となっていない小集団の生産力の低い農地（3種農地を除く。）。

不許可の例外

第1種農地等の不許可の例外に該当する場合と同様（**令第4条**）。

なお、申請に係る農地に代えて周辺の他の土地を供することにより申請に係る事業の目的を達成できると認められないときには、立地の代替性がない（**法第4条第6項第2号に該当しない**）ため許可の対象となります。

農地区分及び許可方針（立地基準）（第1号、第2号）

農地を営農条件及び市街地化の状況から見て次の５種類に区分し、農業生産への影響の少ない第３種農地等へ転用を誘導。

区　分	営農条件、市街地化の状況	許　可　の　方　針
農用地区域内農地	市町村が定める農業振興地域整備計画において農用地区域とされた区域内の農地	**原則不許可**（農振法第８条第４項の農用地利用計画において指定された用途の場合等に許可）
甲種農地	市街化調整区域内の土地改良事業等の対象となった農地（８年以内）等特に良好な営農条件を備えている農地	**原則不許可**（土地収用法第26条の告示に係る事業の場合等に許可）
第１種農地	10ha以上の規模の一団の農地、土地改良事業等の対象となった農地等良好な営農条件を備えている農地	**原則不許可**（土地収用法対象事業の用に供する場合等に許可）
第２種農地	鉄道の駅から500m以内にある等市街地化が見込まれる区域にある農地又は生産性の低い小集団の農地	周辺の他の土地に立地することができない場合等は**許可**
第３種農地	鉄道の駅が300m以内にある等の市街地の区域又は市街地化の傾向が著しい区域にある農地	**原則許可**

２　一般基準　（３号、４号、５号及び６号）

⑴　農地を転用して申請に係る用途に供することが、次に掲げる事由により、確実と認められない場合には許可しないこととなっています。

①　申請者に転用行為を行うのに必要な資力及び信用があると認められないこと**（法第４条第６項第３号）**。

②　申請に係る農地の転用行為の妨げとなる権利を有する者の同意を得ていないこと**（法第４条第６項第３号）**。

③　許可を受けた後、遅滞なく、申請に係る農地を申請に係る用途に供する見込みがないこと**（則第47条第１号）**。

④　申請に係る事業の施行に関して行政庁の免許、許可、認可等の処分を必要とする場合においては、これらの処分がなされなかったこと又は処分の見込みがないこと**（則第47条第２号）**。

⑤　申請に係る事業の施行に関して法令（条例を含む。）により義務付けられている行政庁との協議を現に行っていること**（則第47条第２号の２）**。

⑥　申請に係る農地と一体として申請に係る事業の目的に供する土地を利用する見込みがないこと**（則第47条第３号）**。

⑦ 申請に係る農地の面積が申請に係る事業の目的からみて適正と認められないこと**（則第47条第4号）**。

⑧ 申請に係る事業が工場、住宅その他の施設の用に供される土地の造成（その処分を含む。）のみを目的とするものであること**（則第47条第5号）**。

ただし、事業の目的、事業主体等からみて、宅地造成後の工場、住宅等の立地が確実と認められる一定のものは例外的に認められることとされています。

なお、建築条件付売買予定地で一定期間（おおむね3ケ月以内）に建築請負契約を締結する等の一定の要件を満たすものは、宅地造成のみを目的とするものには該当しないものとして取り扱われます。

⑵ 農地の転用が周辺の農地に係る営農条件に支障を及ぼすおそれがある場合には許可しないこととなっています**（法第4条第6項第4号）**。

⑶ 効率的かつ安定的な農業経営を営む者に対する農地の利用の集積に支障を及ぼすおそれがある場合その他の地域における農地の農業上の効率的かつ総合的な利用の確保に支障を生ずるおそれがあると認められる場合には、許可しないこととなっております**（法第4条第6項第5号）**

⑷ 仮設工作物の設置その他の一時的な利用に供するため農地を転用する場合には、利用に供された後、速やかに農地として利用できる状態に回復されることが確実と認められないものは許可しないこととなっています**（法第4条第6項第6号）**。

農振法の農用地区域内での農地転用

農用地区域は、農振法（農業振興地域の整備に関する法律）に基づき市町村が、都道府県知事の同意を得て、今後長期にわたり農業上の利用を確保すべき土地の区域として農業振興地域整備計画に定めているもので、農業公共投資はこの農用地区域内に集中して実施することとなっています。

このため、農用地区域内の農地転用は、農振法第17条の規定により原則として許可されないこととされており、転用する農地が農用地区域内である場合には、農業振興地域整備計画の変更により農用地区域から除外されることが必要となります。

○**農業振興地域の整備に関する法律**（昭和44年7月1日法律第58号）

（農地等の転用の制限）

第17条　都道府県知事及び農地法第4条第1項に規定する指定市町村の長は、農用地区域内にある同法第2条第1項に規定する農地及び採草牧草地についての同法第4条第1項及び第5条第1項の許可に関する処分を行うに当たっては、これらの土地が農用地利用計画において指定された用途以外の用途に供されないようにしなければならない。

農地転用許可制度のフロー図

農地の転用(法第4条)、農地等の転用目的での権利移動(法第5条)

許　可

届　出
［市街化区域内］

＊都計法第23条により市街化区域に関する都市計画と農林漁業調整

許可不要

・国、都道府県、指定市町村が転用する場合(学校、社会福祉施設、病院、庁舎又は宿舎のために転用する場合を除く。)
・基盤強化法の農用地利用集積計画に定める利用目的に供する場合
・農地中間管理事業法の農用地利用配分計画に定める利用目的に供する場合
・市町村(指定市町村を除く)の行う土地収用法該当事業(学校、社会福祉施設、病院又は市役所、特別区の区役所若しくは町村役場のために転用する場合を除く。)等

転用許可基準(第6項)

立地基準
(第1号及び2号)

農用地区域内農地
(第1号イ)

・市町村が定める農業振興地域整備計画において農用地区域とされた区域内の農地

→ 原則不許可
〈例外〉
・農用地利用計画に適合する農業用施設を建設する場合等

甲種農地
(第1号ロかっこ書き)

〈市街化調整区域内の農地で以下のもの〉
・集団農地で高性能農業機械による営農に適した農地
・農業公共投資から8年以内の農地

→ 原則不許可
〈例外〉
・農業用施設、農畜産物処理加工･販売施設等
・土地収用法告示事業
・地域の農業の振興に関する地方公共団体の計画
・既存施設拡張　等

第1種農地
(第1号ロ)

・集団農地
・農業公共投資の対象農地
・生産力の高い農地

→ 原則不許可
〈例外〉
・農業用施設、農畜産物処理加工･販売施設等
・土地収用法該当事業
・地域の農業の振興に関する地方公共団体の計画
・既存施設拡張　等

第2種農地
(第1号ロ(2)、第2号)

(市街地として発展する環境にある農地及び生産性の低い小集団の農地)
・駅、役場等からおおむね500m以内
・農業公共投資の対象となっていない小集団農地　等

→ 周辺の他の土地に立地が困難な場合、公益性が高い事業の用に供する場合等は許可

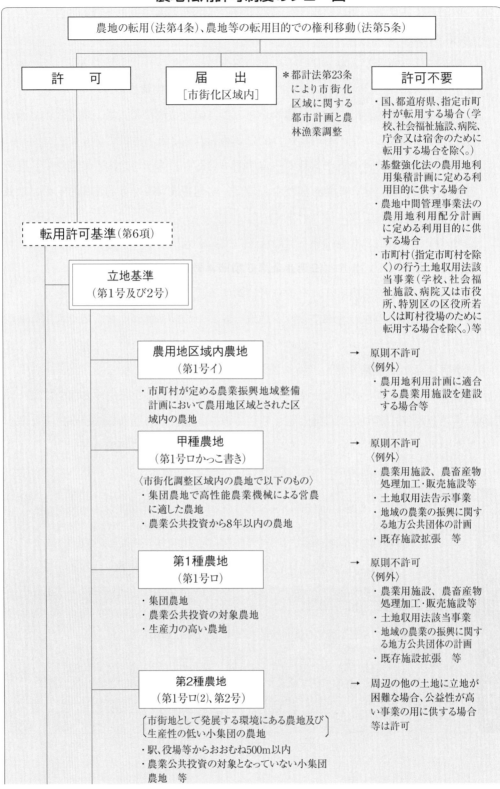

第3種農地
（第1号ロ(1)）

→　原則許可

〔市街地の区域又は市街地化の傾向が著しい区域にある農地〕

・土地区画整理事業の施行地区
・駅、役場等からおおむね300m以内
・市街地介在農地　等

一般基準
（第3号、4号、5号及び6号）

→　適切な場合許可

事業実施の確実性

・資力及び信用があると認められること
・転用行為の妨げとなる権利を有する者の同意があること
・遅滞なく転用目的に供すると認められること
・行政庁の免許、許可、認可等の処分の見込みがあること
・開発にあたって必要な行政庁との協議を了していること
・農地と併せて使用する土地がある場合には、申請目的に利用する見込みがあること
・農地転用面積が転用目的からみて適正と認められること
・宅地の造成のみを目的とするものではないこと
（例外）
用途地域、地域整備法、地域の農業の振興に関する地方公共団体の計画等に基づく場合等

被害防除措置の妥当性

・周辺の農地に係る営農条件に支障を生ずるおそれがないこと

効率的･総合的な農地利用

・農地の農業上の効率的かつ総合的な利用の確保に支障を生ずるおそれがないこと

一時転用

・事業終了後、その土地が耕作の目的に供されることが確実と認められること
・所有権以外の権利設定であること（第5条第2項第6号）

農地を採草放牧地にするための権利移動の取扱い

・農地法第3条第2項により同条第1項の許可の見込みがあること（第5条第2項第8号）

第2章

農地転用許可基準について

I 農地転用許可基準等の法定化の経緯

(1) 農地の転用許可の判断基準を明確にし、全国的に統一した許可事務の適正円滑化を期することとして、昭和32年から農地転用許可基準策定のための基礎調査が開始され、昭和34年10月に農林事務次官名をもって「農地転用許可基準」が通達されました。また、昭和44年に都市計画法が施行されたことに伴い「市街化調整区域における農地転用許可基準」が昭和44年10月に制定されました。

(2) 「農地転用許可基準」及び「市街化調整区域における農地転用許可基準」は、長期間、農地の転用許可の基準として運用され、その内容も全国に定着していましたが、国民にとっては、行政内部の通達であったことから、行政基準の明確化を図るという観点から、平成10年11月1日に施行された農地法の改正により、これまでの通達による運用を法令上明確化しました。また、同時に地方分権推進委員会の第1次勧告において、「2ヘクタールを超え4ヘクタール以下の農地転用許可については、国との事前協議を当面維持しつつ、都道府県に委譲する」こととされたこと等を受けて、この改正において4ヘクタール以下の農地転用の許可権限について都道府県知事に委譲されました。また、転用許可基準の法定化に当たっては、社会的な影響も考慮し、極力従来の運用との差異が生じないよう、これまで通達により運用されていた農地転用の許可基準をほぼ踏襲する形で法定化されました。

(3) 平成28年4月1日に施行された「地域の自主性及び自立性を高めるための改革の推進を図るための関係法律の整備に関する法律」によって、農地転用許可権限はすべて都道府県知事等に移譲（なお、4ヘクタール超の農地転用は、当分の間、農林水産大臣へ協議）されました。

あわせて農林水産大臣が指定する市町村（指定市町村）に都道府県と同様の許可権限を移譲する指定市町村制度が創設されました。

Ⅱ 立地基準（農地区分の考え方）

農地法第４条第６項

6　第１項の許可は、次の各号のいずれかに該当する場合には、することができない。ただし、第１号及び第２号に掲げる場合において、土地収用法第26条第１項の規定による告示（他の法律の規定による告示又は公告で同項の規定による告示とみなされるものを含む。次条第２項において同じ。）に係る事業の用に供するため農地を農地以外のものにしようとするとき、第１号イに掲げる農地を農業振興地域の整備に関する法律第８条第４項に規定する農用地利用計画（以下単に「農用地利用計画」という。）において指定された用途に供するため農地以外のものにしようとするときその他政令で定める相当の事由があるときは、この限りでない。

一　次に掲げる農地を農地以外のものにしようとする場合

イ　農用地区域（農業振興地域の整備に関する法律第８条第２項第１号に規定する農用地区域をいう。以下同じ。）内にある農地

ロ　イに掲げる農地以外の農地で、集団的に存在する農地その他の良好な営農条件を備えている農地として政令で定めるもの（市街化調整区域（都市計画法第７条第１項の市街化調整区域をいう。以下同じ。）内にある政令で定める農地以外の農地にあつては、次に掲げる農地を除く。）

⑴　市街地の区域内又は市街地化の傾向が著しい区域内にある農地で政令で定めるもの

⑵　⑴の区域に近接する区域その他市街地化が見込まれる区域内にある農地で政令で定めるもの

二　前号イ及びロに掲げる農地（同号ロ⑴に掲げる農地を含む。）以外の農地（以降略）

1　農用地区域内の農地とは

農地法第４条第６項第１号イ

イ　農用地区域（農業振興地域の整備に関する法律第８条第２項第１号に規定する農用地区域をいう。以下同じ。）内にある農地

農用地区域内の農地とは、農業振興地域の整備に関する法律（以下「農振法」という。）に基づき市町村が定める農業振興地域整備計画において、農用地等として利用すべき土地として定めた土地のうち、現況が「農地」のものをいいます。

2　甲種農地とは

農地法第４条第６項第１号ロ

ロ　イに掲げる農地以外の農地で、集団的に存在する農地その他の良好な営農条件を備えている農地として政令で定めるもの**（市街化調整区域（都市計画法第７条第１項の市街化調整区域をいう。以下同じ。）内にある政令で定める農地**（以降略)**）**

大都市及びその周辺の都市等に係る都市計画区域は、農林漁業との健全な調和を図る観点から調整を十分に図った上で、「市街化区域」と「市街化調整区域」に区分されています。

農地転用許可制度においては、農林水産大臣との協議が調った市街化区域内にある農地の転用は、届出をすれば、転用許可を受けることを要しないこととされています。一方、「市街化調整区域」は、市街化を抑制すべき区域であり、農地の転用に当たって市街地化の発展に配慮する必要性が低く、特に良好な営農条件を備えた農地は農業上の土地利用を行うことが適当と考えられます。

このようなことから、市街化調整区域内で次の特に良好な営農条件を備えている農地**（令第６条。甲種農地）**については、同時に周辺の市街地化の程度から第３種農地又は第２種農地の要件に該当している場合であっても、甲種農地として取り扱われることとなっています（第１種農地との違い）**（法第４条第６項第１号ロかっこ書）**。また、例外的に許可を行う場合においても第１種農地の場合を更に限定することにより、農業上の利用の確保の度合いが第１種農地より高いものとして取り扱われています。

なお、甲種農地の要件は、第１種農地の要件を更に限定したものとなっていますが、具体的には次の農地が甲種農地に区分されます。

⑴　集団的優良農地

おおむね10ヘクタール以上の規模の一団の農地の区域内にある農地のうち、その区画の面積、形状、傾斜及び土性が高性能農業機械による営農に適するものと認められる農地**（令第６条第１号、則第41条）**。

集団的に存在するという農地の優良性の基準を満たした上で、更に農作業が効率的に行いうるという条件をも満たす農地です。「高性能農業機械による営農に適するものと認められる農地」には、例えば、30アール区画にほ場整備された田などが考えられます。

⑵　農業公共投資完了後翌年度から８年以内の農地

特定土地改良事業等の施行に係る区域内にある農地のうち、当該事業の工事が完了した年度の翌年度から起算して８年を経過した農地以外の農地**（令第６条第２号）**。

ただし、甲種農地の場合の特定土地改良事業等は、第１種農地の場合のうち①農地を開発すること又は農地の形質に変更を加えることによって当該農地を改良し、もしくは保全することを目的とする事業（いわゆる「面的整備事業」）であって、②国又は都道府県が行う事業及びこれらの者が直接又は間接に経費の全部又は一部を補助する事業に限られています。このため、甲種農地では農業用排水施設の新設又は変更の事業、市町村が行う事業や株式会社日本政策金融公庫の融資等によるものは対象となりません**（則第42条）**。このように、甲種農地においては農業公共投資の対象となった農地を事業終了後の期間、事業の種類等から限定しています。

「工事が完了した年度」については、土地改良事業の工事の場合にあっては土地改良法第113条の３の規定による公告により、土地改良事業以外の事業の工事の場合にあっては事業実績報告等により確認することが適当と考えられます。

また、「施行に係る区域」には、特定土地改良事業等の工事を完了した区域だけでなく、特定土地改良事業等を実施中である区域を含みますが、特定土地改良事業等の調査計画の段階であるものは含みません。

3　第1種農地とは

農地法第４条第６項第１号ロ

ロ　イに掲げる農地以外の農地で、**集団的に存在する農地その他の良好な営農条件を備えている農地**として政令で定めるもの（市街化調整区域（都市計画法第７条第１項の市街化調整区域をいう。以下同じ。）内にある政令で定める農地以外の農地にあつては、次に掲げる農地を除く。）

「集団的に存在する農地その他の良好な営農条件を備えている農地」**（法第４条第６項第１号ロ。第１種農地）**は、生産性の高い農業の実現という観点から確保・保全することが必要な農地であり、農業上の利用の確保を図るため転用を原則として許可しない農地として位置づけられています。

具体的には農地法施行令第５条及び農地法施行規則第40条に規定されている、①おおむね10ヘクタール以上の規模の一団の農地の区域内にある農地、②土地改良事業等の農業に対する公共投資の対象となった農地、③傾斜、土性その他の自然条件からみてその近傍の標準的な農地を超える生産をあげることができると認められる農地です。なお、第１種農地の要件に該当する農地であっても、第３種農地又は第２種農地の要件に該当する場合には、そちらが優先され、第１種農地となりません。

①　おおむね10ヘクタール以上の規模の一団の農地の区域内にある農地**（令第５条第１号）**

大型トラクター等の高性能な農業機械の導入等による生産コストの低減や農業経営面積の拡大等生産性の高い効率的な農業経営を行う上で、集団的に存在する農地が分断され、又は蚕食して転用されることは、このような可能性を閉ざしてしまうこととなります。このように、集団的に存在する農地は、生産コストの低減や担い手の規模拡大に不可欠な農地であり、土地利用が混在化していく中で良好な営農環境を有しているものとしてこれをできる限り確保していくことが必要です。

このため、おおむね10ヘクタール以上の規模の一団の農地の区域内にある農地は、良好な営農条件を備えている農地として農業上の利用を確保することとしています。

「おおむね10ヘクタールの規模」の「おおむね」の範囲については、都市の膨張速度や発展方向等周辺の土地利用の状況からみて個々に判断すべきですが、一般的には一割程度の範囲で運用することが適当と考えられます。

また、「一団の農地」とは、山林、宅地、河川、高速自動車道等農業機械が横断することができない土地により囲まれた集団的に存在する農地をいいます。

なお、農業用道路、農業用用排水施設、防風林等により分断されている場合や農業用施設等が点在している場合であっても、実際に、農業機械が容易に横断し又は迂回することができ、一体として利用することに支障があると認められない場合には、一団の農地と判断されます。

② 土地改良事業等の農業に対する公共投資の対象となった農地 **（令第5条第2号）**

生産性の高い農業を実現するために、補助金や農業関係の融資等を受けて実施された土地改良事業等により整備された農地は、用排水路、整地、土壌改良等のほ場条件の整備により生産性が高くなっており、また、公共投資の経済効果の面からも農業的利用を優先的に考えるべき土地であるといえます。

このため、農業公共投資を活用して改良等を行った農地については、良好な営農条件を備えている農地として農業上の土地利用を確保することとしています。具体的には、土地改良法第2条第2項に規定する土地改良事業又はこれに準ずる事業で、次のア及びイの要件を満たす事業（特定土地改良事業等）の施行に係る区域内にある農地を対象としています。

ア 次のいずれかに該当する事業（主として農地又は採草放牧地の災害を防止することを目的とするものを除く。）であること **（則第40条第1号）**。これらの事業は、農地そのものが有する生産力を直接的に向上させる事業である。

a 農業用用排水施設の新設又は変更

b 区画整理

c 農地又は採草放牧地の造成（昭和35年度以前の年度にその工事に着手した開墾建設工事を除く。）

d 埋立て又は干拓

e 客土、暗きょ排水その他の農地又は採草放牧地の改良又は保全のため必要な事業

イ 次のいずれかに該当する事業であること **（則第40条第2号）**。

a 国、地方公共団体が行う事業

b 国又は地方公共団体が直接又は間接に経費の全部又は一部につき補助その他の助成を行う事業

c 農業改良資金融通法に基づき株式会社日本政策金融公庫又は沖縄振興開発金

融公庫から資金の貸付けを受けて行う事業

d　公庫から資金の貸付けを受けて行う事業（c を除く）

これらの事業の「施行に係る区域」には、特定土地改良事業等を完了した地区だけでなく現に事業を実施中である地区を含みますが、事業の調査計画の段階であるものは含みません。

③　傾斜、土性その他の自然的条件からみてその近傍の標準的な農地を超える生産をあげることができると認められる農地**（令第５条第３号）**

農地は、土壌、水温等その土地の属性により、同じ質・量の労働力を投入しても単位面積当たりの生産量に差が出ることから、生産力の高い農地については、他の農地に比べより効率的な農業生産を行い得る農地として、その農業上の利用を確保していく必要があります。

これらの農地は、一般的には、集団的に存在する農地や農業公共投資の対象となった農地であることが多いと考えられますが、集団的に存在する農地や農業公共投資の対象となった農地でなくても、例えば、果樹園において傾斜等の自然的条件が良好であるために周辺の果樹園より生産力が高い農地が存在する場合等が考えられます。

このような農地も、「傾斜、土性その他の自然的条件からみてその近傍の標準的な農地を超える生産をあげることができると認められる農地**（令第５条第３号）**」として、農業上の利用を確保することとしています。

４　第２種農地とは

農地法第４条第６項第２号

二　前号イ及びロに掲げる農地（同号ロ (1) に掲げる農地を含む。）以外の農地（以降略）

「前号イ及びロに掲げる農地（同号⑴に掲げる農地を含む。）」とは、「農用地区域内農地、甲種農地、第１種農地及び第３種農地」であり、これ以外の農地が**第２種農地**（法第４条第６項第１号ロ⑵と第２号）となります。従って、第２種農地は、①法第４条第６項第１号ロ⑵に該当する農地、②農業公共投資の対象となっていない小集団の生産力の低い農地が該当することとなります。

法第４条第６項第１号ロ⑵の農地は、農用地区域内にある農地以外の農地であって、次に掲げる区域内にある農地です。この農地は、甲種農地の要件に該当する場合を除き、第１種農地の要件を満たしていても第２種農地に区分されますが、第３種農地の要件に該当する場合には第３種農地に区分されます。

⑴　道路、下水道その他の公共施設又は鉄道の駅その他の公益的施設の整備状況からみて、第３種農地の場合における公共施設等の整備状況の程度に達する区域になることが見込まれる区域として、次に掲げるもの **（令第８条第１号）**。

①　相当数の街区を形成している区域内にある農地 **（則第45条第１号）**。「相当数の街区を形成している」とは、道路が網状に配置されていることにより複数の街区が存在している状況をさしますが、この場合の道路には農業用道路は含まれません。また、複数の街区のうち特定の街区で宅地率が40パーセントを超える場合には、当該街区内の農地は第３種農地に区分されます。

②　次に掲げる施設の周囲おおむね500メートル（当該施設を中心とする半径500メートルの円で囲まれる区域の面積に占める当該区域内にある宅地の面積の割合が40パーセントを超える場合にあっては、その割合が40パーセントとなるまで当該施設を中心とする円の半径を延長したときの当該半径の長さ又は１キロメートルのいずれか短い距離）以内の区域内の農地 **（則第45条第２号）**。

a　鉄道の駅、軌道の停車場又は船舶の発着場

b　都道府県庁、市役所、区役所又は町村役場（これらの支所を含む。）

c　その他ａ及びｂに掲げる施設に類する施設

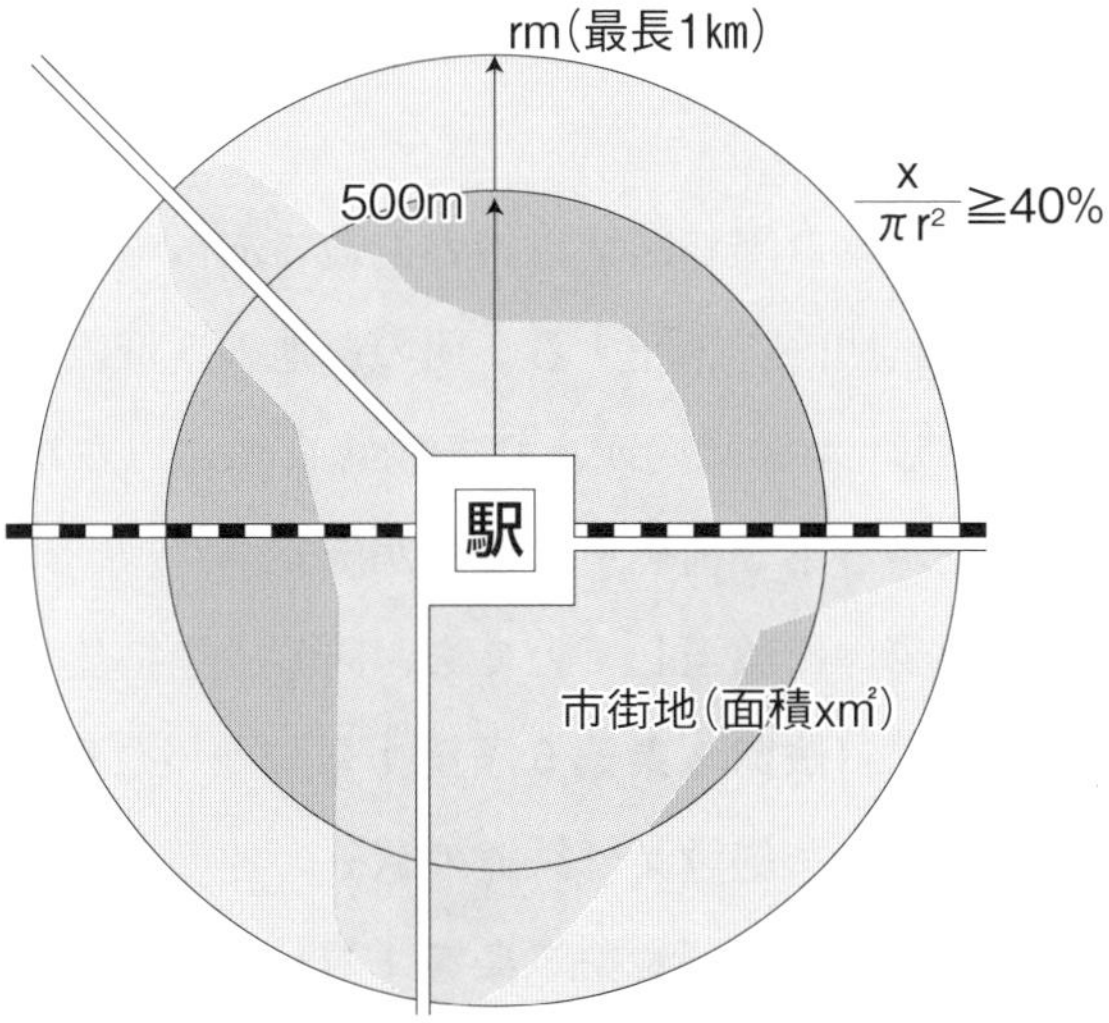

ここに掲げられている施設の範囲は第３種農地の場合とほぼ同様ですが、いわゆるインターチェンジは含まれません。このことは、インターチェンジ周辺においては流通業務施設等立地する施設が一般に限られること、また、流通業務施設等の立地については第１種農地及び甲種農地の不許可の例外措置が講じられていることなどを考慮したものです。

⑵「宅地化の状況が住宅の用もしくは事業の用に供する施設又は公共施設もしくは公益的施設が連たんしている程度に達している区域」に近接する区域内にある農地の区域で、その規模がおおむね10ヘクタール未満であるもの**（令第８条第２号、則第46条）**。これは、市街地に近接する区域において集団的でない農地の区域であれば、農業公共投資の対象となった農地や生産力の高い農地を含んでいても市街地の拡大等に考慮しようというものです。なお、「近接する区域」としては、市街地からおおむね500メートルの距離の区域内とするのが妥当と考えられます。

５　第３種農地とは

農地法第４条第６項第１号ロ⑴、運用通知第２・１エ

⑴　市街地の区域内又は市街地化の傾向が著しい区域内にある農地で政令で定めるもの

「市街地の区域内又は市街地化の傾向が著しい区域内にある農地」**（法第４条第６項第１号ロ⑴。第３種農地）**は、農業上の利用の確保の必要性が低いことから、法第４条第６項本文で許可することができない農地とされておらず、原則として農地の転用は許可されることとなっています。

具体的には、第３種農地は農用地区域以外の農地であって次に掲げる区域内にある農地です。これらの農地は集団的に存在する一団の農地の区域内にある農地であるなど第１種農地の要件をも満たしている場合がありますが、このような場合には、土地の合理的・計画的な利用を図る観点から第３種農地の要件が優先され、第３種農地に区分されます。

ただし、第３種農地の要件に該当していても、同時に甲種農地の要件を満たす場合には甲種農地に区分されます**（法第４条第６項第１号ロかっこ書）**。

⑴　道路、下水道その他の公共施設又は鉄道の駅その他の公益的施設の整備の状況が次に掲げる程度に達している区域**（令第７条第１号）**

①　水管、下水道管又はガス管のうち２種類以上が埋設されている道路（幅員４メート

ル以上の道及び建築基準法第42条第２項の指定を受けた道で現に一般交通の用に供されているものをいい、高速自動車国道その他の自動車のみの交通の用に供する道路及び農業用道路を除く。）の沿道の区域であって、容易にこれらの施設の便益を享受することができ、かつ、申請に係る農地等からおおむね500メートル以内に２以上の教育施設、医療施設その他の公共施設又は公益的施設が存在すること**（則第43条第1号）**。

なお、「おおむね500メートル」の「おおむね」の範囲は、周辺の市街化の状況、地形等を考慮した上で１割程度の範囲で運用することが適当であり、また、「教育施設、医療施設その他の公共施設又は公益的施設」は、市街化の指標となり、かつ住宅等の施設を誘引することが期待できるものを対象とすることが適当です。

このため、一般的には、自然公園、汚水処理場や政令第４条に該当する施設等の通常市街地に整備されていない施設、周辺地域の市街化を誘引することが期待できない施設はこれになじまないものと考えられます。

② 申請に係る農地等からおおむね300メートル以内に次に掲げる施設のいずれかが存在すること**（則第43条第２号）**。

a 鉄道の駅、軌道の停車場又は船舶の発着場

鉄道、軌道等は、その経営主体を問いませんが一般交通の用に供されているものに限られます。このため、森林軌道、ダム工事のための軌道のように用途が限定されているものは含みません。

b 高速自動車国道その他の自動車のみの交通の用に供する道路の出入口

「高速自動車国道その他の自動車のみの交通の用に供する道路の出入口」とはいわゆるインターチェンジです。

c 都道府県庁、市役所、区役所又は町村役場（これらの支所を含む。）

d その他、上記のａからｃまでに掲げる施設に類する施設

ａに類する施設としては、バスターミナルが想定されます。ただし、バス路線の停留所は固定的でなく市街地の拡大等に伴い設定される性格が強いためこれには含みません。

⑵ 宅地化の状況が次に掲げる程度に達している区域**（令第７条第２号）**

① 住宅の用若しくは事業の用に供する施設又は公共施設若しくは公益的施設が連たんしていること**（則第44条第１号）**。これは、市街地の程度までに宅地化が進行しているということであり、住宅、事務所、工場、資材置場、駐車場、公園、学校

等の施設が連たんしている区域に、農地が点々と散在している状態を想定しています。

② 街区（道路、鉄道若しくは軌道の線路その他の恒久的な施設又は河川、水路等によって区画された地域）の面積に占める宅地の面積の割合が40パーセントを超えていること**（則第44条第2号）**。これは、全体としては市街地までには至っていないが、特定の街区だけをみれば、市街地と同程度の宅地率を有し得る状態です。この場合の、「宅地」には、住宅等の建築物の敷地のほか運動場施設、駐車場等の都市的な土地利用を行っている土地は含まれますが、農業用施設用地や単に耕作放棄されている農地は含まれません。

③ 都市計画法第8条第1項第1号に規定する「用途地域」が定められていること（農業上の土地利用との調整が調ったものに限る。）**（則第44条第3号）**。なお、「農業上の土地利用との調整」は、「都市計画と農林漁業との調整措置について」（平成14年11月1日付け14農振第1452号農村振興局長通知、最終改正令和2年9月7日2農振1623）等に基づいて行われています。

⑶ 土地区画整理法第2条第1項に規定する土地区画整理事業の施行に係る区域**（令第7条第3号）**

政令第7条第3号では、土地区画整理事業に準ずる事業も対象とし、これを省令で定めることとしています、現時点では該当するものがありませんので省令は定められていません。

Ⅲ 不許可の例外（許可できる場合）

農地法第４条第６項

6　第１項の許可は、次の各号のいずれかに該当する場合には、することができない。ただし、第１号及び第２号に掲げる場合において、土地収用法第26条第１項の規定による告示（他の法律の規定による告示又は公告で同項の規定による告示とみなされるものを含む。次条第２項において同じ。）に係る事業の用に供するため農地を農地以外のものにしようとするとき、第１号イに掲げる農地を農業振興地域の整備に関する法律第８条第４項に規定する農用地利用計画（以下単に「農用地利用計画」という。）において指定された用途に供するため農地以外のものにしようとするときその他政令で定める相当の事由があるときは、この限りでない。

一　次に掲げる農地を農地以外のものにしようとする場合

（以降略）

1　農用地区域内農地の不許可の例外　（運用通知第２・１⑴ア(イ)）

農振法においては、農用地区域内農地の農業上の利用の確保を図るため、農地転用許可権者が、農地法の規定による転用許可処分を行うに当たって、農用地利用計画において指定された用途以外の用途に供されないようにしなければならないとされています（農振法第17条）。このため、農地法における農地転用の許可基準ではこれを考慮し、農用地区域内農地は、原則として農地の転用を許可しない農地として位置付けるとともに、次に掲げる場合にのみ例外的に農地の転用を許可することとしています。

⑴　土地収用法第26条第１項の規定による告示（他の法律の規定による告示又は公告で同項の規定による告示とみなされるものを含む。）に係る事業の用に供する場合**（法第４条第６項ただし書）**

土地収用法等による告示がなされた事業に係る土地は、公共的・公益的目的での土地の利用が適当であるとの判断がなされている土地であることから、農振法においても、同法第15条の２の開発行為の制限等土地利用に関する措置の適用除外となっています（同法第19条）。

(2)　農用地区域内農地を農振法第８条第４項に規定する農用地利用計画において指定された用途に供する場合**（法第４条第６項ただし書）**

この措置は、農業振興地域整備計画の達成を図るために農用地利用計画に即した土地利用を実現する観点から、農用地利用計画に指定された用途に供するための農地の転用を認めることとするため設けられたものです。

農用地利用計画では、農用地区域内の土地を農地、採草放牧地、混牧林地、農業用施設用地の用途に区分することとされており、このうち、実際農地転用が想定される場合としては、農業用施設用地として用途区分が行われている農地で農業用施設を建設する場合等が考えられます。

(3)　農地の一時転用が次のすべてに該当するとき。

①　申請に係る農地を仮設工作物の設置その他の一時的な利用に供するために行うものであって、当該利用の目的を達成する上で当該農地を供することが必要であると認められるものであること**（令第４条第１項第１号イ、処理基準第６・１(1)①）**。

この規定のうち、

ア　「仮設工作物の設置その他の一時的な利用」とは、一時的に資材置場、駐車場、飯場、道路、イベント会場等の農地への原状回復が容易にできる施設に供するため農地を利用することをいいます。

イ　「一時的な利用」の期間は、当該一時的な利用の目的を達成できる必要最小限の期間であり、かつ、農業振興地域整備計画の達成に支障を及ぼさないことを担保する観点から、最長３年以内のものがこれに該当すると判断されます。

ウ　「当該利用の目的を達成する上で当該農地を供することが必要であると認められる」とは、用地選定の任意性（他の土地での代替可能性）がないか、又はこれを要求することが不適当と認められる場合です。

特に、砂利の採取を目的とする一時転用については、次に掲げる事項のすべてに該当する必要があると考えられます。（処理基準第６・１(1)①ウ）

a　砂利採取業者が砂利の採取後直ちに採取跡地の埋戻し及び廃土の処理を行うことにより、転用期間内に確実に当該農地を復元することを担保するため、次のいずれかの措置が講じられていること。

i　砂利採取法（昭和43年法律第74号）第16条の規定により都道府県知事

の認可を受けた採取計画（以下「採取計画」という。）が当該砂利採取業者と砂利採取業者で構成する法人格を有する団体（その連合会を含む。）との連名で策定されており、かつ、当該砂利採取業者及び当該団体が採取跡地の埋戻し及び農地の復元について共同責任を負っていること。

ⅱ　当該農地の所有者、砂利採取業者並びに採取跡地の埋戻し及び農地の復元の履行を保証する資力及び信用を有する者（以下「保証人」という。）の三者間の契約において、次に掲げる事項が定められていること。

1）　当該砂利採取業者が採取計画に従って採取跡地の埋戻し及び農地の復元を行わないときには、保証人がこれらの行為を当該砂利採取業者に代わって行うこと。

2）　当該砂利採取業者が適当な第三者機関に採取跡地の埋戻し及び農地の復元を担保するのに必要な金額の金銭等を預託すること。

3）　保証人が当該砂利採取業者に代わって採取跡地の埋戻し及び農地の復元を行ったときには、②の金銭等をその費用に充当することができること。

b　砂利採取業者の農地の復元に関する計画が、当該農地及び周辺の農地の農業上の効率的な利用を確保する見地からみて適当であると認められるものであること。また、当該農地について土地改良法（昭和24年法律第195号）第２条第２項に規定する土地改良事業の施行が計画されている場合においては、当該土地改良事業の計画と農地の復元に関する計画との調整が行われていること。

② 農業振興地域の整備に関する法律第８条第１項又は第９条第１項の規定により定められた農業振興地域整備計画の達成に支障を及ぼさないこと**（令第４条第１項第１号ロ）**。

この規定は、農用地区域内の土地が、農業振興地域整備計画の達成を図るために必要な土地であり、当該土地が農用地等以外の用に供されることにより当該計画の達成に支障を及ぼすことがないようにするために設けられたものです。

農業振興地域整備計画の達成に支障を及ぼす場合とは、例えば、転用行為の時期、位置等からみて農業振興地域整備計画に位置付けられた土地改良事業等の土地基盤整備事業の施行の妨げとなる場合のほか、農地転用許可をすることができない工場、住宅団地等の建設のための地質調査を目的として一時転用を行う場合等が想定されます。（運用通知第２・１(1)ア(イ)ｃ(b)）

2　甲種農地の不許可の例外

甲種農地は、市街化を抑制すべき「市街化調整区域」において、特に良好な営農条件を備えている農地であり、第１種農地の要件に該当する農地を更に限定した農地です。

このため、例外的に許可を行う場合においても、第１種農地の場合を更に限定したものとなっています。

具体的には次に掲げるとおりです。

①　申請に係る農地を土地収用法第26条第１項の規定による告示（他の法律の規定による告示又は公告で同項の規定による告示とみなされるものを含む。）に係る事業の用に供する場合**（法第４条第６項ただし書）**。

②　申請に係る農地を仮設工作物の設置その他の一時的な利用に供するために行うものであって、当該利用の目的を達成する上で当該農地を供することが必要であると認められるものであること**（令第４条第１項第２号柱書で引用する同条第１号イ）**。

これは、農用地区域内の農地の転用に対しても措置されている事項であり、甲種農地においてもこれと同じ取扱いを行うものです。

③　申請に係る農地を農業用施設、農畜産物処理加工施設、農畜産物販売施設に供する場合**（令第４条第１項第２号イ）**

④　申請に係る農地を地域の農業の振興に資する施設として次に掲げるものの用に供する場合（ただし、第１種農地及び甲種農地以外の周辺の土地に設置することによってはその目的を達成することができないと認められる場合に限る。）**（令第４条第１項第２号イ）**

ア　都市住民の農業の体験その他の都市等との地域間交流を図るために設置される施設**（則第33条第１号）**

イ　農業従事者の就業機会の増大に寄与する施設**（則第33条第２号）**

ウ　農業従事者の良好な生活環境を確保するための施設**（則第33条第３号）**

エ　住宅その他申請に係る土地の周辺の地域において居住する者の日常生活上又は業務上必要な施設で集落に接続して設置されるもの。ただし、敷地面積がおおむね500平方メートルを超えないものに限る。**（則第33条第４号）**

※第１種農地の不許可の例外の③及び④参照（P33）

なお、④の規定の「第１種農地及び甲種農地以外の周辺の土地に設置することによってはその目的を達成することができないと認められる」か否かの判断については、第１種農地の場合と同様に、ⓐ当該申請に係る事業目的、事業面積、立地場所等を勘案し、申請地の周辺に当該事業目的を達成することが可能な農地以外の土地、第２種農地や第３種農地があるか否か、ⓑその土地を申請者が転用許可申請に係る事業目的に使用することが可能か否か等により行います。

また、④の規定のエに該当する施設については、甲種農地にあっては、その敷地面積がおおむね500平方メートルを超えないこととしており、「おおむね」の範囲は10パーセント程度で運用されています。

⑤　申請に係る農地を特別の立地条件を必要とする次に掲げるものに関する事業の用に供する場合**（令第４条第１項第２号ハ）**

ア　調査研究（その目的を達成する上で申請に係る土地をその用に供することが必要であるものに限る。）**（則第35条第１号）**

イ　土石その他の資源の採取**（則第35条第２号）**

ウ　水産動植物の養殖用施設その他これに類するもの**（則第35条第３号）**

エ　流通業務施設、休憩所、給油所その他これらに類する施設で、次に掲げる区域内に設置されるもの**（則第35条第４号）**

a　一般国道又は都道府県道の沿道の区域

b　高速自動車国道その他の自動車のみの交通の用に供する道路（高架の道路その他の道路であつて自動車の沿道への出入りができない構造のものに限る。）の出入口の周囲おおむね300メートル以内の区域

オ　既存の施設の拡張（拡張に係る部分の敷地の面積が既存の施設の敷地の面積の２分の１を超えないものに限る。）**（則第35条第５号）**

※第１種農地の不許可の例外の⑥参照（P38）

⑥　申請に係る農地をこれに隣接する土地と一体として同一の事業の目的に供するために行うものであつて、当該事業の目的を達成する上で当該農地を供することが必要であると認められる場合。ただし、申請に係る事業の総面積に占める第1種農地の面積の割合が3分の1を超えず、かつ、同じく甲種農地の割合が5分の1を超えないものに限る。**（令第4条第1項第2号ニ、則第36条）**

※第1種農地の不許可の例外の⑦参照（P40）

⑦　申請に係る農地を公益性が高いと認められる事業で次に掲げるものに関する事業の用に供する場合**（令第4条第1項第2号ホ、則第37条）**

ア　森林法第25条第1項各号に掲げる目的を達成するために行われる森林の造成

イ　非常災害のために必要な応急措置

ウ　土地改良法第7条第4項に規定する非農用地区域（以下単に「非農用地区域」という。）と定められた区域内にある土地を当該非農用地区域に係る土地改良事業計画に定められた用途に供する行為

エ　集落地域整備法第5条第1項に規定する集落地区計画の定められた区域（農業上の土地利用との調整が調つたもので、集落地区整備計画（同条第3項に規定する集落地区整備計画をいう。）が定められたものに限る。）内において行われる同項に規定する集落地区施設及び建築物等の整備

オ　優良田園住宅の建設の促進に関する法律第4条第1項の認定を受けた同項に規定する優良田園住宅建設計画（同法第4条第4項又は第5項に規定する協議が調つたものに限る。）に従つて行われる同法第2条に規定する優良田園住宅の建設

カ　農用地の土壌の汚染防止等に関する法律第3条第1項に規定する農用地土壌汚染対策地域として指定された地域内にある農用地（同法第5条第1項に規定する農用地土壌汚染対策計画において農用地として利用すべき土地の区域として区分された土地の区域内にある農用地を除く。）その他の農用地の土壌の同法第2条第3項に規定する特定有害物質による汚染に起因して当該農用地で生産された農畜産物の流通が著しく困難であり、かつ、当該農用地の周辺の土地の利用状況からみて農用地以外の土地として利用することが適当であると認められる農用地の利用の合理化に資する事業

※第1種農地の不許可の例外の⑧参照（P41）

なお、第1種農地の不許可の例外の⑧のうちア、ウ、カ及びキ、サ、シは対象としていません。

⑧　次に掲げるいずれかに該当する場合**（令第4条第1項第2号へ）**

ア　農村地域への産業の導入の促進等に関する法律第5条第1項に規定する実施計画に基づき同条第2項第1号に規定する産業導入地区内において同条第3項第1号に規定する施設を整備するために行われるものであること。

イ　総合保養地域整備法第7条第1項に規定する同意基本構想に基づき同法第4条第2項第3号に規定する重点整備地区内において同法第2条第1項に規定する特定施設を整備するために行われるものであること。

ウ　多極分散型国土形成促進法第11条第1項に規定する同意基本構想に基づき同法第7条第2項第2号に規定する重点整備地区内において同項第3号に規定する中核的施設を整備するために行われるものであること。

エ　地方拠点都市地域の整備及び産業業務施設の再配置の促進に関する法律第8条第1項に規定する同意基本計画に基づき同法第2条第2項に規定する拠点地区内において同項の事業として住宅及び住宅地若しくは同法第6条第5項に規定する教養文化施設等を整備するため又は同条第4項に規定する拠点地区内において同法第2条第3項に規定する産業業務施設を整備するために行われるものであること。

オ　地域経済牽引事業の促進による地域の成長発展の基盤強化に関する法律第14条第2項に規定する承認地域経済牽引事業計画に基づき同法第11条第2項第1号に規定する土地利用調整区域内において同法第13条第3項第1号に規定する施設を整備するために行われるもの。

※第1種農地の不許可の例外の⑨参照（P46）

⑨　地域の農業の振興に関する地方公共団体の計画（土地の農業上の効率的な利用を図るための措置が講じられているもの）に従つて行われるもの**（令第4条第1項第2号へ）**。

※第1種農地の不許可の例外の⑩参照（P48）

3　第１種農地の不許可の例外　（運用通知第２・１⑴イ㈠）

第１種農地は、集団的に存在する農地、農業公共投資の対象となった農地及び農業生産力の高い農地であり、農業上の土地利用を確保していく度合いが高い農地であるので、原則としては、農地の転用を許可しない農地として位置付けています。

しかしながら、第１種農地の転用を絶対に認めないとすることは、土地が有限の資源であることを考慮すると、国民経済の発展や農業・農村の維持発展上からみて相当でない場合も考えられます。

このため、農地が次に掲げる公共性の高い事業に供される場合、農業関係施設の用に供される場合、用地の選定に制限がある用途に供される場合等には、第１種農地であっても例外的に許可することとしています。

① 申請に係る農地を土地収用法第26条第１項の規定による告示（他の法律の規定による告示又は公告で同項の規定による告示とみなされるものを含む。）に係る事業の用に供する場合**（法第４条第６項ただし書）**

② 申請に係る農地を仮設工作物の設置その他の一時的な利用に供するために行うものであつて、当該利用の目的を達成する上で当該農地を供することが必要であると認められる場合**（令第４条第１項第２号柱書で引用する同条第１号イ）**

①、②の規定については、農用地区域内の農地の転用に対しても措置されている事項であり、第１種農地においても同様の取扱いを行うものです。

なお、砂利の採取を目的とする一時転用については、農用地区域内の砂利の採取についてのａ及びｂ（P26 ～ 27 参照）に掲げる事項のすべてに該当する必要があると考えられます。

③　申請に係る農地を農業用施設、農畜産物処理加工施設、農畜産物販売施設に供するものである場合**（令第４条第１項第２号イ）**

④　申請に係る農地を地域の農業の振興に資する施設として次に掲げるものの用に供する場合（ただし、第１種農地及び甲種農地以外の周辺の土地に設置することによってはその目的を達成することができないと認められる場合に限る。）**（令第４条第１項第２号イ、則第33条）**

ア　都市住民の農業の体験その他の都市等との地域間交流を図るために設置される施設**（則第33条第１号）**

イ　農業従事者の就業機会の増大に寄与する施設**（則第33条第２号）**

ウ　農業従事者の良好な生活環境を確保するための施設**（則第33条第３号）**

エ　住宅その他申請に係る土地の周辺の地域において居住する者の日常生活上又は業務上必要な施設で集落に接続して設置されるもの**（則第33条第４号）**

③、④の規定については、農業経営及び農家経済の改善、あるいは農村地域の活性化に資する施設は、地域の農業の振興を通じて、農地の農業上の利用の高度化にも寄与し、耕作者の利益や農業生産力の増進にも資すると考えられることから、これらの施設を整備するための農地転用は許可することとしています。

なお、「第１種農地及び甲種農地以外の周辺の土地に設置することによってはその目的を達成することができないと認められる」か否かの判断については、ⓐ当該申請に係る事業目的、事業面積、立地場所等を勘案し、申請地の周辺に当該事業目的を達成することが可能な農地以外の土地、第２種農地や第３種農地があるか否か、ⓑその土地を申請者が転用許可申請に係る事業目的に使用することが可能か否か等により行います。（運用通知第２・１⑴イ㈠ｃ）

③　申請に係る農地を農業用施設、農畜産物処理加工施設、農畜産物販売施設に供するものである場合**（令第４条第１項第２号イ）（運用通知第２・１⑴イ㈠ｃⓐ）**

「農業用施設」には、農道、農業用用排水路、農業用ため池、耕地防風林等農地等の保全又は利用上必要な施設、畜舎、温室、植物工場（閉鎖された空間において生育環境を制御して農産物を安定して生産する施設をいう。）、農産物集出荷施設、農産物貯蔵施設等農畜産物の生産、集荷、乾燥、調製、貯蔵、出荷の用に供する施設及びたい肥舎、種苗貯蔵施設、農機具収納施設等農業生産資材の貯蔵又は保管の用に供する施設、農業廃棄物処理施設等が該当します。

「農畜産物処理加工施設」には、その地域で生産される農畜産物（主として、当該施設を設置する者が生産する農畜産物又は当該施設が設置される市町村及びその近隣の市町村の区域内において生産される農畜産物をいう）を原料として処理・加工を行う、精米所、果汁（びん詰、缶詰）製造工場、漬物製造施設、野菜加工施設、製茶施設、い草加工施設、食肉処理加工施設等が該当します。

「農畜産物販売施設」には、その地域で生産される農畜産物（当該農畜産物が処理又は加工されたものを含む。）の販売を行う施設で、農業者自ら設置する施設のほか農業者の団体処理又は加工を行う者等が設置する地域特産物販売施設等が該当します。

また、農作業のために必要不可欠な駐車場、トイレ、更衣室、事務所等については農業用施設に該当するとともに、農業用施設等の管理又は利用のために必要不可欠な駐車場やトイレ、更衣室、事務所等についても当該施設等と一体的に設置される場合には、農業用施設等に該当します。

なお、農業用施設等に附帯して太陽光発電設備等を農地に設置する場合、当該設備等が次に掲げる事項のすべてに該当するときには、農業用施設等に該当します。

a　当該農業用施設等と一体的に設置されること。

b　発電した電気は、当該農業用施設等に直接供給すること。

c　発電能力が、当該農業用施設等の瞬間的な最大消費電力を超えないこと。ただし、当該農業用施設等の床面積を超えない規模であること。

④　申請に係る農地を地域の農業の振興に資する施設として次に掲げるものの用に供する場合**（令第４条第１項第２号イ）**

ア　都市住民の農業の体験その他の都市等との地域間交流を図るために設置される施設**（則第33条第１号）**

「都市等との地域間交流を図るために設置される施設」とは、農業体験施設や農家レストランなど都市住民の農村への来訪を促すことにより地域を活性化したり、都市住民の農業・農村に対する理解を深める等の効果を発揮することを通じて、地域の農業に資するものをいいます。**（運用通知第２・１⑴イ㈠ｃ(b)）**

該当する施設としては、農業体験施設や農家レストランのほかにも、郷土資料館等の教養文化施設、公民館等の施設が考えられますが、地域の農業の振興に資する施設であることが明確でないものは該当しません。

イ　農業従事者の就業機会の増大に寄与する施設**（則第33条第2号、運用通知第2・1⑴イ㈠c(c)）**

農業従事者の就業機会を増大させることは、農村地域が活性化されるとともに、離農による担い手への農地の集積が促進されることにより、周辺地域の農業の振興に資するものとして位置付けられています。

「農業従事者の就業機会の増大に寄与する施設」とは、その地域の農業従事者を相当数安定的に雇用することが確実な工場、加工・流通業務施設等の事業所その他土地利用の集約度の高い施設が該当します。このため、ゴルフ場など大規模な転用を伴うにもかかわらず就業者数が少ない施設は該当しません。

「農業従事者」には、農業従事者の世帯員も含まれ、「就業機会の増大に寄与する」か否かは、当該施設において新たに雇用されることとなる者に占める農業従事者の割合を目安として判断することとし、当該割合がおおむね３割以上であれば、これに該当するものと判断されます。

ただし、人口減少、高齢化の進行等により、雇用可能な農業従事者の数が十分でないことその他の特別の事情がある場合には、都道府県知事等が設定した基準（以下、「特別基準」という。）により判断して差し支えありません。

なお、農業従事者の雇用の確実性については、転用許可申請書に雇用計画及び申請者と地元自治体との雇用協定を添付するなどにより明確にする必要があります。

雇用計画については、当該施設において新たに雇用されることとなる者の数、地元自治体における農業従事者の数及び農業従事の実態等を踏まえ、当該施設において雇用されることとなる者に占める農業従事者の割合がおおむね３割以上となること（または「特別基準」を満たすこと）が確実であると判断される内容のものである必要があります。

雇用協定においては、当該施設において新たに雇用された農業従事者（当該施設において新たに雇用されたことを契機に農業に従事しなくなった者を含みます。）の雇用実績を毎年地元自治体に報告し、当該施設において新たに雇用された者に占める農業従事者の割合がおおむね３割以上となっていない場合にその割合をおおむね３割以上に増やすために講ずべき措置を併せて定めることが必要です。この講ずべき措置の具体的な内容としては、例えば、被雇用者の年齢条件を緩和した上で再度募集をすること、近隣自治体にまで範囲を広げて再度募集すること等が想定されます。

また、申請者が全ての施設の運営を行わない場合（例えば施設の全部又は一部を第三者に貸し付けて運営するような場合）には、転用許可申請の段階において、転用後に雇用を行う事業者ごとに雇用計画及び雇用協定が明確に定められている必要があります。この場合、農業従事者の雇用割合がおおむね３割以上となるか否かは、個々の事業者ごとではなく、申請に係る施設全体で判断されることとなります。

ウ　農業従事者の良好な生活環境を確保するための施設**（則第33条第３号、運用通知第２・１⑴イ㈡ｃ(d)）**

「農業従事者の良好な生活環境を確保するための施設」とは、農業従事者の生活環境を改善するだけでなく、地域全体の活性化等を図ることにより、地域の農業の振興に資するものをいいます。

具体的には、集会施設、農村公園、農村広場、上下水道施設等が該当しますが、地域の農業の振興に資する施設であることが明確でないものは該当しません。

なお、農業従事者個人の住宅等特定の者が利用するものは含まれません。

エ　住宅その他申請に係る土地の周辺の地域において居住する者の日常生活又は業務上必要な施設で集落に接続して設置されるもの**（則第33条第４号、運用通知第２・１⑴イ㈡ｃ(e)）**

農村地域では、既存集落の周辺部に集団的な農地が存在することが多く、集落周辺部における農地転用が認められないことになると周辺居住者の経済活動を抑止してしまうこととなり、ひいては地域の農業の振興にも支障をきたすこととなります。このため、集落の通常の発展の範囲内で集落を核とした滲み出し的に行われる農地の転用は認めることとしています。

「集落」とは、相当数の家屋が連たんして集合している区域をいいます。

ただし、農村地域では様々な集落の形態があるため、必ずしも全ての家屋の敷地が連続していなくとも、一定の連続した家屋を中心として一定の区域に家屋が集合している場合には、一つの集落として取り扱って差し支えありません。

「集落に接続して」とは、既存の集落と間隔を置かないで接する状態をいいますが、農村集落の土地利用の実状を考慮して、自家用野菜の栽培畑、営農上に必要な苗畑、温室等、屋敷林や防風林地等を挟んでいても、蚕食的な転用でなければ接続と判断されます。

この場合、集落周辺の農地は、集落に居住する者の営農上必要な苗畑、温室等の用途に供されている場合も多いことから、地域の農業振興の観点から、当該集落の土地利用の状況等を勘案して周辺の土地の農業上の利用に支障がないと認められる次に掲げるすべてに該当する場合には、集落に接続していると判断しても差し支えありません。

a　申請に係る農地の位置からみて、集団的に存在する農地を蚕食し、又は分断するおそれがないと認められること。

b　集落の周辺の農地の利用状況等を勘案して、既存の集落と申請に係る農地の距離が最小限と認められること。

「日常生活上又は業務上必要な施設」には、店舗、事務所、作業場等その集落に居住する者が生活を営む上で必要な施設全般が該当します。

⑤　申請に係る農地を市街地に設置することが困難又は不適当なものとして次に掲げる施設の用に供する場合**（令第４条第１項第２号ロ、運用通知第2・1⑴イ(イ)d）**

⑤の規定については、施設の性格及び機能等の面からみて市街地に設置することが困難又は不適当な施設は、市街地に用地を選定することの制約が大きいことから、農地転用を許可することとしています。

なお、ここに掲げられている施設は、用地選定に関して全く任意性がないわけではないことから、甲種農地については認めないこととしています。

ア　病院、療養所その他の医療事業の用に供する施設でその目的を達成する上で市街地以外の地域に設置する必要があるもの。**（則第34条第１号）**

市街地の環境を避けなければその目的を達成することができない老人保健施設、精神病院等が該当すると考えられます。老人福祉施設などの福祉施設は該当しません。

イ　火薬庫又は火薬類の製造施設**（則第34条第２号）**

市街地の保安上市街地に立地することが不適当な施設であり、なお、これらの施設には、火薬類取締法において一定の保安距離を設けることとされています。

ウ　ア、イに掲げる施設に類する施設**（則第 34 条第 3 号）**

悪臭、騒音、廃煙等のため市街地の居住性を悪化させるおそれがある、ごみ焼却場、下水又は糞尿等処理場等の施設が該当すると考えられます。

⑥　申請に係る農地を調査研究、土石の採取その他の特別の立地条件を必要とする次に掲げるものに関する事業の用に供する場合**（令第 4 条第 1 項第 2 号ハ、運用通知第 2・1 ⑴イ(イ)e）**

⑥の規定については、事業の内容又は立地する施設の性格等からみて、用地の選定に任意性がほとんどない事業については、その農地でなければ事業目的の達成ができないことから、農地の転用を認めることとしています。

ア　調査研究（その目的を達成する上で申請に係る土地をその用に供することが必要であるものに限る。）**（則第 35 条第 1 号）**

調査研究の目的を達成するために申請に係る土地を供する必要がある場合としては、その土地の地耐力や地層を調査する必要がある場合、文化財の発掘調査を行う場合等が考えられます。

イ　土石その他の資源の採取**（則第 35 条第 2 号）**

「土石その他の資源」には、砂利、園芸用土壌、鉱物資源等その資源の賦存状況により採取の位置が制約されるものが該当します。このため、単なる土取り場の「土」はこれに該当しないものとして取り扱うことが適当であると考えられます。

ウ　水産動植物の養殖用施設その他これに類するもの**（則第 35 条第 3 号）**

「水産動植物の養殖施設」は、水質、水温、水量、遡上河川、干満等の条件によって水辺の特定の位置に立地せざるを得ないことから規定されているものであり、「これに類するもの」は、水産ふ化場等が該当します。

エ　流通業務施設、休憩所、給油所その他これらに類する施設で、次に掲げる区域内に設置されるもの**（則第35条第4号）**

「流通業務施設、休憩所、給油所その他これらに類する施設」は、その性格から沿道の区域等に立地が制約されますが、すべての沿道の区域等で農地転用を認めることは優良農地の維持・保全に与える影響が大きいことから、第1種農地を対象とする場合には一般国道又は都道府県道の沿道など一定の区域に限って認めることとしています。

「休憩所」とは、自動車の運転者が休憩のため利用することができる施設であって、駐車場及びトイレを備え、休憩のための座席等を有する空間を当該施設の内部に備えているもの（宿泊施設を除きます。）をいいます。したがって、駐車場及びトイレを備えているだけの施設は、「休憩所」には該当しません。

「流通業務施設」とは、トラックターミナル、卸売市場、倉庫、荷さばき場、道路貨物運送業等の事務所又は店舗等（流通業務市街地の整備に関する法律第5条第1項第1号から第5号までに掲げる流通業務施設）をいいます。

「その他これらに類する施設」とは、自動車修理工場、食堂等車両の通行上必要な沿道サービス施設をいいます。

なお、コンビニエンスストア及びその駐車場については、主要な道路の沿道において周辺に自動車の運転者が休憩のため利用することができる施設が少ない場合には、駐車場及びトイレを備え、休憩のための座席等を有する空間を備えているコンビニエンスストア及びその駐車場が自動車の運転者の休憩所と同様の役割を果たしていることを踏まえ、当該施設は「これらに類する施設」に該当するものとして取り扱って差し支えありません。

a　一般国道又は都道府県道の沿道の区域

「沿道の区域」とは、施設の間口の大部分が道路に接して建設されることをいい、引込道路のみが当該道路に接しているようなものは該当しません。

b　高速自動車国道その他の自動車のみの交通の用に供する道路（高架の道路その他の道路であつて自動車の沿道への出入りができない構造のものに限る。）の出入口の周囲おおむね300メートル以内の区域。

「高速自動車国道その他の自動車のみの交通の用に供する道路（高架の道路その他の道路であって自動車の沿道への出入りができない構造のものに限る。）の出入口」とは、いわゆる「インターチェンジ」をいいます。

オ　既存の施設の拡張（拡張に係る部分の敷地の面積が既存の施設の敷地の面積の２分の１を超えないものに限る。）**（則第 35 条第５号）**

「既存の施設の拡張」とは、既存の施設の機能の維持・拡充等のために既存の施設に隣接する土地において施設を整備することをいいます。このため、既存施設の隣接地に同じ施設を建設する場合だけでなく、例えば、①既存工場の排水機能を向上させるための排水処理施設を隣接地に新設しようとする場合、②パルプ工場から生産するパルプを利用して隣接地に製紙工場を建設する場合等も含まれます。

カ　法第４条第６項第１号ロ又は第５条第２項第１号ロに掲げる土地に係る法第４条第１項若しくは第５条第１項の許可又は法第４条第１項第８号若しくは第５条第１項第７号の届出に係る事業のために欠くことのできない通路、橋、鉄道、軌道、索道、電線路、水路その他の施設**（則第 35 条第６号）**

甲種農地又は第１種農地の転用を例外的に認めることとした事業に欠くことのできない施設を規定しています。

該当する施設は、例示されている施設のほか、土石の捨場、材料の置場、職務上常駐を必要とする職員の詰所又は宿舎等土地収用法第３条第 35 号に掲げられている施設と同様のものです。

なお、これらの施設の設置は、本体事業の転用の時期と同じ時期に行われるものに限られないので、すでに本体事業が完了していても行い得るものです。

⑦　申請に係る農地をこれに隣接する土地と一体として同一の事業の目的に供するために行うものであつて、当該事業の目的を達成する上で当該農地を供することが必要であると認められる場合。ただし、申請に係る事業の総面積に占める第１種農地の面積の割合が３分の１を超えず、かつ、同じく甲種農地の割合が５分の１を超えないものに限る。**（令第４条第１項第２号ニ、則第 36 条）**

⑦の規定については、第１種農地は、基本的には農業上必要な農地として維持保全されるべき農地であるが、公共又は公益性の高い事業やその位置に制約がある事業等に必要な農地転用しか認めないこととすると、農地以外の山林、原野等を含めた

土地の合理的な利用を妨げることや第２種農地、第３種農地の取り扱いの趣旨と相反する事態を発生させかねないことから、事業に必要な総面積に対する第１種農地及び甲種農地の割合が一定以下の農地転用については、これを認めることとしています。

第１種農地の割合の算定に当たっては、事業用地に甲種農地を含む場合には当該甲種農地を合わせて第１種農地としてカウントします。このため、第１種農地以外の土地となるのは、山林、原野、宅地等の異種目の土地はもちろん、第２種農地、第３種農地に区分される農地も対象となります。

⑧　申請に係る農地を公益性が高いと認められる事業で次に掲げるものに関する事業の用に供する場合**（令第４条第１項第２号ホ、則第 37 条）**

⑧の規定については、農地転用が公益性の高い事業で、公共の利益となる事業として法令上の位置付けがなされているもの、人命に係わるもの、農業上の土地利用調整が行われるもの等の施行として行われるものは、社会経済全体の利益を考慮して、第１種農地であってもその転用を認めることとしているものです。

ア　土地収用法その他の法律により土地を収用し、又は使用することができる事業

土地収用法等土地の収用又は使用に関して定めている法律は、公共の利益を確保する手段として定められているものであり、土地収用法等によって収用又は使用されるものでない場合であっても、これらの法律において収用又は使用ができるとされている事業の用に供する場合においては、これらの法律との均衡や事業自体の公益性を考慮して、不許可の例外として取り扱うこととしています。（太陽光を電気に変換する設備に関するものを除く。）

イ　森林法第 25 条第１項各号に掲げる目的を達成するために行われる森林の造成

森林法第 25 条第１項各号に掲げる目的に供する保安林は公共の危害防止を目的とするものであるので、このような目的のために植林する場合には、不許可の例外として取り扱うこととしています。

ウ　地すべり等防止法第24条第1項に規定する関連事業計画若しくは急傾斜地の崩壊による災害の防止に関する法律第9条第3項に規定する勧告に基づき行われる家屋の移転その他の措置又は同法第10条第1項若しくは第2項に規定する命令に基づき行われる急傾斜地崩壊防止工事

ここに掲げてあるものは、人命財産に係ることがらであり、かつ、従前の居住地や生活基盤等の関係からみた用地の選定が必要である等の事情があることから措置されています。

エ　非常災害のために必要な応急措置

非常災害のために必要な応急措置は、事業の緊急性が極めて高いものであることから措置されているものです。

なお、地方公共団体又は災害対策基本法第2条第5号に規定する指定公共機関もしくは同条第6号に規定する指定地方公共機関が行う応急対策又は復旧は従来から許可不要となっています。**（則第29条第17号）**

オ　土地改良法第7条第4項に規定する非農用地区域（以下単に「非農用地区域」という。）と定められた区域内にある土地を当該非農用地区域に係る土地改良事業計画に定められた用途に供する行為

非農用地区域は、ほ場整備事業等換地を伴う土地改良事業の円滑な実施を図るため設けられるものであり、その設定の要件では、土地改良法第8条第5項において、農用地の集団化その他農業構造の改善に資する見地等からみて適切な位置、規模となるよう定めることとされています。

また、この非農用地区域の設定に当たっては、「非農用地区域の設定を伴う土地改良事業を行う場合における農地法等関連制度との調整措置について」（昭和49年7月12日付け49構改B第1241号構造改善局長通知）によって、農業上の土地利用との調整を行うこととなっています。

カ　工場立地法第3条第1項に規定する工場立地調査簿に工場適地として記載された土地の区域（農業上の土地利用との調整が調つたものに限る。）内において行われる工場又は事業場の設置

工場立地法による工場立地調査は、工場立地が環境の保全を図りつつ適正に行われるようにするため実施する調査であり、経済産業大臣が行っています。

この調査の結果は、「工場立地の調査等に関する法律の運営に関する覚書」（昭和34年2月6日付け34企第231号・34農地295号）により、経済産業大臣から農林水産大臣へ協議が行われることとなっています。

キ　独立行政法人中小企業基盤整備機構が実施する独立行政法人中小企業基盤整備機構法附則第5条第1項第1号に掲げる業務（農業上の土地利用との調整が調つた土地の区域内において行われるものに限る。）

平成16年7月に地域振興整備公団が解散され、その業務を独立行政法人中小企業基盤整備機構が承継することとされました。

地域振興整備公団が実施する工業の集積の程度が低い地域における工業の再配置の促進に必要な工場用地造成等の業務（旧地域振興整備公団法第19条第1項第2号に掲げる業務）に係る農地転用については認める扱いとしていたところであり、この業務について独立行政法人中小企業基盤整備機構が独立行政法人中小企業基盤整備機構法附則第5条第1項第1号に基づいて引き続き行うこととされたことから、農地転用許可についても従来どおりの取扱いとしているものです。

ク　集落地域整備法第5条第1項に規定する集落地区計画の定められた区域（農業上の土地利用との調整が調つたもので、集落地区整備計画（同条第3項に規定する集落地区整備計画をいう。）が定められたものに限る。）内において行われる同項に規定する集落地区施設及び建築物等の整備

集落地区計画は、その地域の自然的経済的社会的条件、営農条件との調和、土地利用の動向等を勘案しながら、良好な居住環境の整備、無秩序な建築活動の防止、特色ある家並みの維持・保全等を目的として策定されています。

集落地区計画は都市計画に定めることとされており、この集落地区計画に係る都市計画を都道府県知事が承認しようとする場合には、「多極分散型国土形成促進法に基づく開発計画及び集落地域整備法に基づく集落地区計画における施設の整備と農地等転用規制との調整等について」（平成元年3月30日付け元構改B第154号農林水産事務次官依命通知）及び「多極分散型国土形成促進法に基づく開発計画及び集落地域整備法に基づく集落地区計画における施設の整備と農地等転

用規制及び農業振興地域制度との調整等に係る留意事項等について」（平成元年3月30日付け元構改B第155号構造改善局長通知）によって、農業上の利用との調整を行うこととなっています。

ケ　優良田園住宅の建設の促進に関する法律第4条第1項の認定を受けた同項に規定する優良田園住宅建設計画（同法第4条第4項又は第5項に規定する協議が調つたものに限る。）に従つて行われる同法第2条に規定する優良田園住宅の建設

優良田園住宅の建設の促進に関する法律は、多様な生活様式に対応し、潤いのある豊かな生活を営むことができる住宅が求められている状況にかんがみ、農山村地域、都市の近郊等における優良な住宅の建設を促進し、健康的でゆとりある国民生活の確保を図ることを目的としています。

優良田園住宅の建設の促進に関する法律に基づく優良田園住宅建設計画については、市町村が定める「優良田園住宅の建設の促進に関する基本方針」に照らし適切な場合等に市町村が認定することとされ、かつ市町村が認定しようとする場合には、同法第4条第4項又は第5項の規定により都道府県知事に協議（4ヘクタールを超える農地を含む場合等は、都道府県知事は農林水産大臣に協議）することとされています。これにより、農業上の土地利用との調整が行われることとなることから、当該協議が調った優良田園住宅建設計画に基づく優良田園住宅の建設に対しては、第1種農地であっても農地転用を認めているものです。

なお、優良田園住宅建設計画の認定に係る市町村と都道府県、都道府県と農林水産大臣間の具体的な協議手続きは、「優良田園住宅の建設の促進に関する法律に基づく優良田園住宅建設計画に係る農業振興地域制度の運用及び農地転用許可事務の円滑化について」（平成10年7月15日付け10構改C第410号農林水産事務次官依命通知）及び「優良田園住宅の建設の促進に関する法律に基づく優良田園住宅建設計画に係る農業振興地域制度の運用及び農地転用許可事務の円滑化の留意事項について」（平成10年7月15日付け10構改C第411号構造改善局長通知）に定められています。

コ　農用地の土壌の汚染防止等に関する法律第３条第１項に規定する農用地土壌汚染対策地域として指定された地域内にある農用地（同法第５条第１項に規定する農用地土壌汚染対策計画において農用地として利用すべき土地の区域として区分された土地の区域内にある農用地を除く。）その他の農用地の土壌の同法第２条第３項に規定する特定有害物質による汚染に起因して当該農用地で生産された農畜産物の流通が著しく困難であり、かつ、当該農用地の周辺の土地の利用状況からみて農用地以外の土地として利用することが適当であると認められる農用地の利用の合理化に資する事業

特定有害物質によって農地が汚染されると、人の健康を損なうおそれがある農産物が生産され、また、農産物の育成が阻害されるおそれがあります。

このため、特定有害物質により汚染された農地で、当該農地から生産された農産物の流通の困難さや周辺の土地の利用状況からみて、その農地を農地以外のものとして利用することが適当と認められるものについて、その利用の合理化に資する事業によって転用される場合は、その転用を認めることとしています。

サ　東日本大震災復興特別区域法第46条第２項第４号に規定する復興整備事業であつて、次に掲げる要件に該当するもの

イ　東日本大震災復興特別区域法第46条第１項第２号に掲げる地域をその区域とする市町村が作成する同項に規定する復興整備計画に係るものであること。

ロ　東日本大震災復興特別区域法第47条第１項に規定する復興整備協議会における協議が調つたものであること。

ハ　当該市町村の復興のため必要かつ適当であると認められること。

ニ　当該市町村の農業の健全な発展に支障を及ぼすおそれがないと認められること。

東日本大震災復興特別区域法（以下「復興特区法」という。）においては、被災市町村等が復興に向けたまちづくり・地域づくりのために必要な事業を記載した「復興整備計画」を作成し、関係者から構成される復興整備協議会において協議・同意を経ることにより、各種手続きをワンストップで処理することが可能となっています。

なお、原子力発電所の事故の影響により多数の住民が避難し、若しくは住所を

移転することを余儀なくされた地域（復興特区法第46条第１項第２号の地域）においては、住民の帰還に向けて従来の土地利用を見直すことが必要であることから、当該地域の復興のために必要な事業であって、農業の健全な発展に支障を及ぼすおそれがないと認められる場合には、その転用を認めることとしております。

シ　農林漁業の健全な発展と調和のとれた再生可能エネルギー電気の発電の促進に関する法律第５条第１項に規定する基本計画に定められた同条第２項第２号に掲げる区域（農業上の土地利用との調整が調つたものに限る。）内において同法第７条第１項に規定する設備整備計画（当該設備整備計画のうち同条第２項第２号に掲げる事項について同法第６条第１項に規定する協議会における協議が調つたものであり、かつ、同法第７条第４項第１号に掲げる行為に係る当該設備整備計画についての協議が調つたものに限る。）に従つて行われる同法第３条第２項に規定する再生可能エネルギー発電設備の整備

農林漁業の健全な発展と調和のとれた再生可能エネルギー電気の発電の促進に関する法律は、土地、水、バイオマスその他の再生可能エネルギー電気の発電のために活用することができる資源が農山漁村に豊富に存在することに鑑み、農山漁村において農林漁業の健全な発展と調和のとれた再生可能エネルギー電気の発電を促進するための措置を講ずることにより、農山漁村の活性化を図るとともに、エネルギーの供給源の多様化に資することを目的としています。

設備整備区域に農用地を含めようとする場合には、設備整備区域の設定について農業上の土地利用との調整を十分行うこととされており、「農林漁業の健全な発展と調和のとれた再生可能エネルギー電気の発電の促進による農山漁村の活性化に関する計画制度の運用に関するガイドラインについて」（平成26年５月30日付け26食産第974号・26農振第700号・26林政利第43号・26水港第1087号・20140530資第51号・環政計発第1405301号・環自総発第1405302号　農林水産省食料産業局長・農村振興局長・林野庁長官・水産庁長官、経済産業省資源エネルギー庁長官、環境省総合環境政策局長・自然環境局長連名通知）によって、農業上の土地利用との調整を行うこととなっています。

⑨　次に掲げるいずれかに該当する場合（令第４条第１項第２号へ(1)から(5)まで）

⑨の規定は、地域整備法に基づく開発計画等の策定に当たっては、それぞれの法

律において農林水産大臣の意見が反映される仕組みとなっており、又開発計画等に位置付けられた施設の整備を具体的に行うに当たっては、あらかじめ土地の農業上の利用との調整が行われることから、当該計画に基づいて行われる農地の転用はこれを認めることとしているものです。

この場合の農業上の土地利用との調整は、次により行われています。

ア　農村地域への産業の導入の促進等に関する法律第５条第１項に規定する実施計画に基づき同条第２項第１号に規定する産業導入地区内において同条第３項第１号に規定する施設を整備するために行われるものであること。

「農村地域への産業の導入の促進等に関する法律に基づく計画に係る農業振興地域制度及び農地転用許可制度との調整について」（平成30年３月１日付け29農振第1771号農村振興局長通知）

イ　総合保養地域整備法第７条第１項に規定する同意基本構想に基づき同法第４条第２項第３号に規定する重点整備地区内において同法第２条第１項に規定する特定施設を整備するために行われるものであること。

「総合保養地域整備法に基づく重点整備地区の整備と農地等転用規制との調整等について」（昭和62年11月19日付け62構改Ｂ第1139号農林水産事務次官依命通知）及び「総合保養地域整備法に基づく重点整備地区の整備と農地等転用規制及び農業振興地域制度との調整等について」（昭和62年11月19日付け62構改Ｂ第1140号構造改善局長通知）

ウ　多極分散型国土形成促進法第11条第１項に規定する同意基本構想に基づき同法第７条第２項第２号に規定する重点整備地区内において同項第３号に規定する中核的施設を整備するために行われるものであること。

「多極分散型国土形成促進法に基づく開発計画及び集落地域整備法に基づく集落地区計画における施設の整備と農地等転用規制との調整等について」（平成元年３月30日付け元構改Ｂ第154号農林水産事務次官依命通知）及び「多極分散型国土形成促進法に基づく開発計画及び集落地域整備法に基づく集落地区計画における施設の整備と農地等転用規制及び農業振興地域制度との調整等に係る留意事項等について」（平成元年３月30日付け元構改Ｂ第155号構造改善局長通知）

エ　地方拠点都市地域の整備及び産業業務施設の再配置の促進に関する法律第８条第１項に規定する同意基本計画に基づき同法第２条第２項に規定する拠点地区内において同項の事業として住宅及び住宅地若しくは同法第６条第５項に規定する教養文化施設等を整備するため又は同条第４項に規定する拠点地区内において同法第２条第３項に規定する産業業務施設を整備するために行われるものであること。

「地方拠点都市地域の整備及び産業業務施設の再配置の促進に関する法律に基づく拠点地区の整備と農地等転用規制との調整等について」(平成５年２月５日付け５構改Ｂ第63号農林水産事務次官依命通知）及び「地方拠点都市地域の整備及び産業業務施設の再配置の促進に関する法律に基づく拠点地区の整備と農地等転用規制及び農業振興地域制度との調整等について」(平成５年２月５日付け５構改Ｂ第64号構造改善局長通知)

オ　地域経済牽引事業の促進による地域の成長発展の基盤強化に関する法律第14条第２項に規定する承認地域経済牽引事業計画に基づき同法第11条第２項第１号に規定する土地利用調整区域内において同法第13条第３項第１号に規定する施設を整備するために行われるものであること。

「地域経済牽引事業の促進による地域の成長発展の基盤強化に関する法律に基づく計画に係る農業振興地域制度及び農地転用許可制度の運用について」(平成30年３月１日付け29農振第1771号農村振興局長通知)

⑩　地域の農業の振興に関する地方公共団体の計画（土地の農業上の効率的な利用を図るための措置が講じられているもの）に従つて行われるもの **(令第４条第１項第２号へ(6))**

地域の農業の振興に関する地方公共団体の計画で土地の農業上の効率的な利用を図るための措置が講じられているものとしては以下の計画が該当します。**(則第38条)**

ア　農振法第８条第１項に規定する市町村農業振興地域整備計画（農振法施行規則第４条の５第１項第28号の要件を満たす施設の場合)

イ　農振法施行規則第４条の５第１項第26号の２の要件を満たす計画

ウ　農振法施行規則第４条の５第１項第27号の要件を満たす計画

これらの計画は、農業上の土地利用との調整を図りつつ策定され、かつ地域の農業振興を図る観点から定められている地方公共団体の計画であることから、これらの計画に従って以下の施設を整備する場合には、不許可の例外として取り扱うこととしています。

a　ア又はウの計画においてその種類、位置及び規模が定められている施設**（則第39条第1号）**

b　イの計画において、農用地等以外の用途に供することを予定する土地の区域内に設置されるものとして当該計画に定められている施設**（則第39条第2号）**

4　第2種農地

農地法第4条第6項本文・第2号

6　第1項の許可は、次の各号のいずれかに該当する場合には、することができない。ただし、第1号及び第2号に掲げる場合において、土地収用法第26条第1項の規定による告示（他の法律の規定による告示又は公告で同項の規定による告示とみなされるものを含む。次条第2項において同じ。）に係る事業の用に供するため農地を農地以外のものにしようとするとき、第1号イに掲げる農地を農業振興地域の整備に関する法律第8条第4項に規定する農用地利用計画（以下単に「農用地利用計画」という。）において指定された用途に供するため農地以外のものにしようとするときその他政令で定める相当の事由があるときは、この限りでない。

二　前号イ及びロに掲げる農地（同号ロ(1)に掲げる農地を含む。）以外の農地を農地以外のものにしようとする場合において、申請に係る農地に代えて周辺の他の土地を供することにより当該申請に係る事業の目的を達成することができると認められるとき。

第2種農地は、「市街地の区域又は市街地化の傾向が著しい区域に近接する区域その他市街地化が見込まれる区域内にある農地」（法第4条第6項第1号ロ(2)）のほか農業公共投資の対象となっていない小集団の生産力の低い農地が該当します。土地の合理的・計画的な利用を図る観点から、第3種農地と同様に転用を許可できない農地としての位置付けはなされていません。

ただし、申請に係る農地に代えて周辺の他の土地を供することにより当該申請に係る事業の目的を達成することができると認められる場合には許可をすることができませんが、この場合であっても、第１種農地の例外許可事由に該当する場合は許可することとしています。

なお、第２種農地の例外許可事由（**令第４条第２項**）において、第１種農地の例外許可事由のうちの一部（**令第４条第１項第２号イ、ロ、ホ、ヘ**）しか規定されていないのは、これら以外の事由によるものは「申請に係る農地に代えて周辺の他の土地を供することにより当該申請に係る事業の目的を達成することができると認められない」ため、第２種農地の転用を許可し得るからです。

「申請に係る農地に代えて周辺の他の土地を供することにより当該申請に係る事業の目的を達成することができると認められる」か否かの判断については、①転用許可申請に係る事業目的、事業面積、立地場所等を勘案し、申請地の周辺に当該申請内容を達成できることが可能な農地以外の土地や第３種農地があるか否か、②その土地を申請者が申請目的に使用することが可能か否か等により行います。

Ⅳ 一般基準

1 事業実施の確実性

農地法第4条第6項第3号

3 申請者に申請に係る農地を農地以外のものにする行為を行うために必要な資力及び信用があると認められないこと、申請に係る農地を農地以外のものにする行為の妨げとなる権利を有する者の同意を得ていないことその他省令で定める事由により、申請に係る農地の全てを住宅の用、事業の用に供する施設の用その他の当該申請に係る用途に供することが確実と認められない場合

農地転用を一律に禁止したり、極端に厳しく抑制することは社会経済全体の発展の見地から妥当でないことから、社会経済上必要な農地転用についてはこれを許容することとしています。

しかしながら、利用目的もなく単に農地をかい廃するような社会経済上の必要性が低い農地転用は、これを認めるべきではなく、また、転用が許可された農地により転用需要が吸収され、その他の確保すべき優良な農地の保全が図られるためには、当該転用事業が確実に実施されて転用後の土地の効率的な利用がなされることを担保する必要があります。

特に、農地と宅地の価格差が大きい地域で農地転用の確実でないものを認めると、資産保有目的や投機目的での農地取得を招くおそれがあり、「農地を効率的に利用する耕作者による地域との調和に配慮した農地についての権利の取得を促進」という農地法の目的に反することになります。更に、法第3条の関係からも、第3条によれば農地を取得できない者が転用目的として脱法的に農地を取得することを防止する必要もあります。

このようなことから、法第4条第6項第3号では、農地転用許可の基準の一つとして、農地転用の確実性を判断することとしています。具体的には、次に掲げる事由により、農地を転用して申請に係る用途に供することが確実と認められない場合には許可しないこととしています。

① 転用を行うために必要な資力及び信用があると認められないこと。**（法第４条第６項第３号本文）**

資金計画

農地を転用し、その目的を実現するためには、多かれ少なかれ資金を必要としますが、必要な資金の調達の見込みがなければ目的実現の可能性はないと考えなければなりません。農地転用の許可申請書には、「資金調達についての計画」を記載することとされており、預金残高証明書や金融機関からの融資証明書等により計画内容の妥当性が判断されることとなっています。

申請適格等

申請者が自然人である場合には、法律上行為能力を有する者であること。

（例：申請者が未成年者、成年被後見人である場合には親権者、成年後見人等の法定代理人が代理申請）

申請者が法人である場合には、申請に係る事業の内容が法令、定款又は寄附行為等において定められた業務の範囲等に適合すること。また、法人が財産を取得し、処分する場合に、法令、定款、寄附行為で特別の定めがある場合には、その手続きを了していること。

過去の実績

過去に、許可を受けた転用事業者が特別な理由もないにもかかわらず計画どおり転用事業を行っていない場合等には、新たな農地転用についてその確実性は極めて乏しいとの判断がなされます。

② 申請に係る農地の転用行為の妨げとなる権利を有する者の同意を得ていないこと。**（法第４条第６項第３号本文）**

「転用行為の妨げとなる権利」とは、法第３条第１項本文に掲げる権利です。

農地は、農業者の農業経営の規模拡大、農作業の効率化等のため賃借権等の利用権が設定されている場合が多く、これら農地を耕作者以外の者が転用する場合には当該耕作者の同意が必要となります。ただし、第三者が転用のために農地を取得する場合においては、農地又は採草放牧地の賃貸借は農地法第16条第１項により当該第三者に対抗することができることとされていますが、使用貸借による権利により耕作している場合においては、当該耕作者は当該農地を取得する第三者には対抗できないので「転用行為の妨げとなる権利を有する者」には該当しません。

なお、妨げとなる権利を有する者には、隣接農地所有者等は含まれません。

また、申請に係る農地に許可申請者以外の抵当権が設定されている場合や所有権移転請求権保全の仮登記が付されている場合がありますが、このような場合には、抵当権の実行がなされ、又は所有権移転登記がなされることにより第三者が地権者となる可能性がありますので、抵当権の登記又は仮登記の抹消あるいはそのままの権利状態で転用目的に供することについて関係権利者が同意していることを転用事業者に確認して許可する運用がなされています。

③　許可を受けた後、遅滞なく、申請に係る農地を申請に係る用途に供する見込みがないこと。**（則第 47 条第１号）**

転用許可の申請書には、転用の時期として工事着工及び工事完了の時期を記載することとなっていることから、許可を受けた後に、遅滞なく、申請に係る農地を申請に係る用途に供する見込みがあるかどうかを審査します。

「遅滞なく、申請に係る農地を申請に係る用途に供する」とは、速やかに工事に着手し必要最小限の期間で申請に係る用途に供されることをいいますが、これに要する期間は、原則として、許可の日からおおむね１年以内として運用されています。

④　申請に係る事業の施行に関して行政庁の免許、許可、認可等の処分を必要とする場合においては、これらの処分がなされなかったこと又は処分の見込みがないこと。**（則第 47 条第２号）**

他法令（農地法の転用許可以外の許認可を含む。）による許認可等の処分を要する場合には、関係行政庁に当該処分の見込みを確認した上で農地転用の確実性を審査します。

なお、都市計画法の開発許可については、同許可と農地転用の許可は相互に関係する場合が多いため、両許可権者間で調整した上で同時に許可を行うよう運用されています。

⑤　申請に係る事業の施行に関して法令（条例を含む。）により義務付けられている行政庁との協議を現に行つていること。**（則第 47 条第２号の２）**

条例を含む法令によって開発に際する事前協議を義務付けている場合にあって

は、協議の結果により施設等の立地が変更される可能性があることから、現にこの協議を行っている間については農地転用の確実性がないものと判断されます。

また、このような法令により義務付けられている事前協議を行っていない場合についても、遅滞なく申請に係る農地を申請に係る用途に供することが確実と認められないと判断されます。

⑥　申請に係る農地と一体として申請に係る事業の目的に供する土地を利用する見込みがないこと。**（則第 47 条第 3 号）**

転用事業が農地と併せて農地以外の他の土地を利用する計画である場合においては、農地以外の土地が申請目的に利用できるか否かについて審査します。なお、他の土地を利用する見込みがなければ、農地の転用についても確実性がないものと判断されます。

⑦　申請に係る農地の面積が申請に係る事業の目的からみて適正と認められないこと。**（則第 47 条第 4 号）**

事業の目的からみて過大すぎる農地の転用は、農地の農業上の利用を確保する立場からは適当でなく、農地転用の面積は少なければ少ないほど良いと考えられますが、しかし適正な事業目的の実現あるいは適正な土地利用を阻害するものであってはなりません。

このため、その事業目的からみて規模が適正か否かを審査します。

⑧　申請に係る事業が工場その他の用に供される土地の造成（その処分を含む。）のみを目的とするものであること。**（則第 47 条第 5 号）**

建築物や工作物等の上物整備までは行わず土地の造成だけを行う農地の転用は、最終的な土地利用の形態ではないことから、造成後に遊休化する可能性が非常に高く、また、土地の造成のみを行うということは転用事業者自らがその後の土地利用を行わないということですので、投機的な土地取得につながるおそれがあります。このため、農地転用の許可基準ではこれを一般には認めないこととしています。

ただし、事業の目的、事業主体、事業の実施地域等からみて、事業後に建築物等の施設の立地が確実であると認められる一定のものについては、例外的に許可の対象としています（P74「宅地分譲を目的とする宅地造成事業の特例措置一覧」参照）。

なお、建築条件付売買予定地※で一定期間（おおむね３ケ月以内）に建築請負契約を締結する等の一定の要件を満たすものは、宅地造成のみを目的とするものには該当しないものとして取り扱われます。

※）建築条件付売買予定地とは、自己の所有する宅地造成後の土地を売買するに当たり、土地購入者との間において自己又は自己の指定する建設業者との間に当該土地に建設する住宅について一定期間内に建築請負契約が成立することを条件として売買が予定される土地をいいます。

２　被害防除措置の妥当性

農地法第４条第６項第４号

四　申請に係る農地を農地以外のものにすることにより、土砂の流出又は崩壊その他の災害を発生させるおそれがあると認められる場合、農業用用排水施設の有する機能に支障を及ぼすおそれがあると認められる場合その他の周辺の農地に係る営農条件に支障を生ずるおそれがあると認められる場合

農地転用の許可基準では、農地法の目的で「地域における貴重な資源であることにかんがみ、（中略）農地を農地以外のものにすることを規制する」こととしており、法第４条第６項第４号において、周辺の農地に係る営農条件に支障を生ずるおそれがあると認められるかどうかを審査します。

周辺の農地に係る営農条件に支障を生ずるおそれがある場合としては、次のようなものが該当します。

(1)　土砂の流出又は崩壊その他災害を発生させるおそれがあると認められる場合

この場合、「災害を発生させるおそれがあると認められる場合」には、土砂の流出又は崩壊のおそれがある場合のほか、ガス、紛じん又は鉱煙の発生、湧水、捨石等により周辺農地の営農上への支障がある場合が考えられます。

(2)　農業用用排水施設の有する機能に支障を及ぼすおそれがあると認められる場合

(3)　申請に係る農地の位置等からみて、集団的に存在する農地を蚕食し、又は分断するおそれがあると認められる場合

(4)　周辺の農地における日照、通風等に支障を及ぼすおそれがあると認められる場合

(5)　農道、ため池その他の農地の保全又は利用上必要な施設の有する機能に支障を及ぼすおそれがあると認められる場合

3　効率的・総合的な農地利用

農地法第４条第６項第５号

五　申請に係る農地を農地以外のものにすることにより、地域における効率的かつ安定的な農業経営を営む者に対する農地の利用の集積に支障を及ぼすおそれがあると認められる場合その他の地域における農地の農業上の効率的かつ総合的な利用の確保に支障を生ずるおそれがあると認められる場合として政令で定める場合

地域における農地の農業上の効率的かつ総合的な利用の確保に支障を生ずるおそれがある場合には、次のいずれかが該当します。

⑴　農業経営基盤強化促進法第18条第５項の規定による申出があってから同法第19条の規定による公告があるまでの間において、申出に係る農地を転用することにより、申出に係る農用地利用集積計画に基づく農地の利用の集積に支障を及ぼすおそれがあると認められる場合（則第47条の３第１号）

なお、申請に係る農地が用途地域が定められている土地の区域内にある場合は、「農地の利用の集積に支障を及ぼすおそれがあると認められる場合」に該当しません。

⑵　農用地区域を定めるための農業振興地域の整備に関する法律第11条第１項の規定による公告があってから同法第12条第１項の規定による公告があるまでの間において、公告に係る市町村農業振興地域整備計画の案に係る農地（農用地区域として定める区域内にあるものに限る。）を転用することにより、計画に基づく農地の農業上の効率的かつ総合的な利用の確保に支障を生ずるおそれがあると認められる場合（則第47条の３第２号）

4　一時転用の取扱

農地法第４条第６項第６号

六　仮設工作物の設置その他の一時的な利用に供するため農地を農地以外のものにしようとする場合において、その利用に供された後にその土地が耕作の目的に供されることが確実と認められないとき。

一時的な利用に供するために農地を転用しようとする場合の許可の基準として、「そ

の利用に供された後にその土地が耕作の目的に供されることが確実」か否かを審査することとしています。

この場合、「その利用に供された後にその土地が耕作の目的に供されること」とは、一時的な利用に供された後、速やかに農地として利用できる状態に回復されることをいいます。

また、「一時的な利用」に該当するか否かは、転用後の当該土地の利用目的から判断することとされています。該当する場合としては、例えば、①ある建築物を建築する場合に建築現場の周辺に資材置場を設置する場合、②大規模イベント等が行われる場合に会場の付近に臨時の駐車場を設置する場合、③当該農地を対象にして試験研究のための実験や学術調査を行う場合、④砂利の採取を行う場合などが考えられます。

なお、農地に支柱を立てて、営農を適切に継続しながら上部空間に太陽光発電設備を設置することにより農業と発電を両立する仕組み（営農型太陽光発電設備）は、支柱の基礎部分について一時転用許可が必要となります。

※営農型太陽光発電設備の取扱い参照（P66）

V 農地法第５条の許可基準

農地法第５条第２項

2　前項の許可は、次の各号のいずれかに該当する場合には、することができない。ただし、第１号及び第２号に掲げる場合において、土地収用法第26条第１項の規定による告示に係る事業の用に供するため第３条第１項本文に掲げる権利を取得しようとするとき、第１号イに掲げる農地又は採草放牧地につき農用地利用計画において指定された用途に供するためこれらの権利を取得しようとするときその他政令で定める相当の事由があるときは、この限りでない。

一　次に掲げる農地又は採草放牧地につき第３条第１項本文に掲げる権利を取得しようとする場合

イ　農用地区域内にある農地又は採草放牧地

ロ　イに掲げる農地又は採草放牧地以外の農地又は採草放牧地で、集団的に存在する農地又は採草放牧地その他の良好な営農条件を備えている農地又は採草放牧地として政令で定めるもの（市街化調整区域内にある政令で定める農地又は採草放牧地以外の農地又は採草放牧地にあつては、次に掲げる農地又は採草放牧地を除く。）

⑴　市街地の区域内又は市街地化の傾向が著しい区域内にある農地又は採草放牧地で政令で定めるもの

⑵　⑴の区域に近接する区域その他市街地化が見込まれる区域内にある農地又は採草放牧地で政令で定めるもの

二　前号イ及びロに掲げる農地（同号ロ⑴に掲げる農地を含む。）以外の農地を農地以外のものにするため第３条第１項本文に掲げる権利を取得しようとする場合又は同号イ及びロに掲げる採草放牧地（同号ロ⑴に掲げる採草放牧地を含む。）以外の採草放牧地を採草放牧地以外のものにするためこれらの権利を取得しようとする場合において、申請に係る農地又は採草放牧地に代えて周辺の他の土地を供することにより当該申請に係る事業の目的を達成することができると認められるとき。

三　第３条第１項本文に掲げる権利を取得しようとする者に申請に係る農地を農地以外のものにする行為又は申請に係る採草放牧地を採草放牧地以外のものに

する行為を行うために必要な資力及び信用があると認められないこと、申請に係る農地を農地以外のものにする行為又は申請に係る採草放牧地を採草放牧地以外のものにする行為の妨げとなる権利を有する者の同意を得ていないことその他農林水産省令で定める事由により、申請に係る農地又は採草放牧地のすべてを住宅の用、事業の用に供する施設の用その他の当該申請に係る用途に供することが確実と認められない場合

四　申請に係る農地を農地以外のものにすること又は申請に係る採草放牧地を採草放牧地以外のものにすることにより、土砂の流出又は崩壊その他の災害を発生させるおそれがあると認められる場合、農業用用排水施設の有する機能に支障を及ぼすおそれがあると認められる場合その他の周辺の農地又は採草放牧地に係る営農条件に支障を生ずるおそれがあると認められる場合

五　申請に係る農地を農地以外のものにすること又は申請に係る採草放牧地を採草放牧地以外のものにすることにより、地域における効率的かつ安定的な農業経営を営む者に対する農地又は採草放牧地の利用の集積に支障を及ぼすおそれがあると認められる場合その他の地域における農地又は採草放牧地の農業上の効率的かつ総合的な利用の確保に支障を生ずるおそれがあると認められる場合として政令で定める場合

六　仮設工作物の設置その他の一時的な利用に供するため所有権を取得しようとする場合

七　仮設工作物の設置その他の一時的な利用に供するため、農地につき所有権以外の第３条第１項本文に掲げる権利を取得しようとする場合においてその利用に供された後にその土地が耕作の目的に供されることが確実と認められないとき、又は採草放牧地につきこれらの権利を取得しようとする場合においてその利用に供された後にその土地が耕作の目的若しくは主として耕作若しくは養畜の事業のための採草若しくは家畜の放牧の目的に供されることが確実と認められないとき。

八　農地を採草放牧地にするため第３条第１項本文に掲げる権利を取得しようとする場合において、同条第２項の規定により同条第１項の許可をすることができない場合に該当すると認められるとき。

法第５条第２項の許可の基準は、次の点を除けば第４条第２項の許可の基準と同一の

ものとなっています。

① 仮設工作物の設置その他の一時的な利用に供するため所有権を取得しようとする場合には、許可することができません（**法第５条第２項第６号**）。

一時的な農地の転用であれば所有権まで取得する必要性が乏しく、所有権以外の使用収益権によっても土地の利用上支障はないとの判断によるものです。農地を農地以外のものに供する期間が一時的であるにもかかわらず、所有権の取得を認めることになれば、農地の投機的取得を誘引しかねないことや利用後の農地の遊休化につながるおそれが大きいことが懸念されるため措置されています。

② 農地を採草放牧地とするため法第３条第１項本文に掲げる権利を取得する場合において、同条第２項の規定により同条第１項の許可をすることができない場合に該当すると認められるときは、許可することができません（**法第５条第２項第８号**）。

農地を採草放牧地として利用するために所有権の移転等を行う場合には、法第５条第１項の許可を要しますが、一方、採草放牧地を採草放牧地として利用するために所有権の移転等を行う場合には、法第３条第１項の許可を要することとなっているため、農地を転用して最終的に採草放牧地の所有権等を取得することとなる場合には、法第３条の許可制度との整合がとれた基準とする必要があることから、このような場合には農地を採草放牧地に転用することの妥当性の基準に加え、採草放牧地として適正に利用されるか否かの第３条の許可の基準にも適合するよう措置されています。

農地法附則第２項

（農林水産大臣に対する協議）

2　都道府県知事等は、当分の間、次に掲げる場合には、あらかじめ、農林水産大臣に協議しなければならない。

一　同一の事業の目的に供するため４ヘクタールを超える農地を農地以外のものにする行為（農村地域への産業の導入の促進等に関する法律（昭和四十六年法律第百十二号）その他の地域の開発又は整備に関する法律で政令で定めるもの（第三号において「地域整備法」という。）の定めるところに従つて農地を農地以外のものにする行為で政令で定める要件に該当するものを除く。次号において同じ。）に係る第４条第１項の許可をしようとする場合

二　同一の事業の目的に供するため４ヘクタールを超える農地を農地以外のものにする行為に係る第４条第８項の協議を成立させようとする場合

三　同一の事業の目的に供するため４ヘクタールを超える農地又はその農地と併せて採草放牧地について第３条第１項本文に掲げる権利を取得する行為（地域整備法の定めるところに従つてこれらの権利を取得する行為で政令で定める要件に該当するものを除く。次号において同じ。）に係る第５条第１項の許可をしようとする場合

四　同一の事業の目的に供するため４ヘクタールを超える農地又はその農地と併せて採草放牧地について第３条第１項本文に掲げる権利を取得する行為に係る第５条第４項の協議を成立させようとする場合

平成28年４月１日に施行された「地域の自主性及び自立性を高めるための改革の推進を図るための関係法律の整備に関する法律」によって、農地転用許可に係る以下の権限は、農地を確保しつつ、地域の実情に応じた主体的な土地利用を行う観点から地方に移譲されることとなりました。

・２～４ヘクタールの農地転用に係る国との協議は廃止

・４ヘクタール超の農地転用に係る権限は、国との協議(※)を付した上で、都道府県（下記の指定市町村にあっては指定市町村）に移譲

（※）国（農林水産大臣）への協議については、４ヘクタール超の大規模な農地の転用は農業生産へ与える影響が大きいことから、農林水産大臣が全国的な

観点に立った判断を反映させることが必要であるとして措置されているものです。なお、この協議は農林水産大臣の同意まで求める趣旨のものではありません。

・農林水産大臣が指定する市町村（指定市町村）に都道府県にと同様の権限を移譲する指定市町村

特例・違反措置

I 農作物栽培高度化施設に関する特例

農地法第43条

農林水産省令で定めるところにより農業委員会に届け出て農作物栽培高度化施設の底面とするために農地をコンクリートその他これに類するもので覆う場合における農作物栽培高度化施設の用に供される当該農地については、当該農作物栽培高度化施設において行われる農作物の栽培を耕作に該当するものとみなして、この法律の規定を適用する。この場合において、必要な読替えその他当該農地に対するこの法律の規定の適用に関し必要な事項は、政令で定める。

2　前項の「農作物栽培高度化施設」とは、農作物の栽培の用に供する施設であつて農作物の栽培の効率化又は高度化を図るためのもののうち周辺の農地に係る営農条件に支障を生ずるおそれがないものとして農林水産省令で定めるものをいう。

農地法第44条

農業委員会は、前条第1項の規定による届出に係る同条第2項に規定する農作物栽培高度化施設（以下「農作物栽培高度化施設」という。）において農作物の栽培が行われていない場合には、当該農作物栽培高度化施設の用に供される土地の所有者等に対し、相当の期限を定めて、農作物栽培高度化施設において農作物の栽培を行うべきことを勧告することができる。

平成30年11月16日施行の農業経営基盤強化促進法等の一部を改正する法律により、農業委員会に届け出て農作物栽培高度化施設（農業用ハウス等）の底面とするために農地を全面コンクリートにする場合、農作物栽培高度化施設の用に供される土地は農地とみなされ、農地転用に該当しないものとされました。

改正前は、コンクリート等で覆い耕作できない状態のものは農地に該当しないとされていましたが、①温度・湿度管理を徹底したい、②収穫用ロボットの導入で作業を効率したい、③水耕栽培用の高設棚の沈下を防ぎたいなどのニーズを踏まえ改正されたものです。

農作物栽培高度化施設は、次の全てに該当するものとされています（農地法施行規則第88条の3）。

⑴　もっぱら農作物の栽培の用に供されるものであること

施設内における農作物の栽培と関連性のないスペースが広いなど、一般的な農業用ハウスと比較して適正なものとなっていない場合には要件を満たさないと判断されます。

⑵　周辺の農地等の営農条件に支障を生ずるおそれがないもの

①　周辺農地の日照に影響をおよぼすおそれがないとして、農林水産大臣が定める施設の高さの基準に適合するもの（ア棟の高さが８ｍ以内かつ軒の高さが６ｍ以内、イ階数が１階、ウ屋根・壁面を透過性のないもので覆う場合は、春分の日および秋分の日の午前８時から午後４時までの間において、周辺の農地におおむね２時間以上日影を生じさせないこと）

アの「高さが８ｍ以内」とは、施設の設置される敷地の地盤面（施設の設置にあたりおおむね30cm以下の基礎を施行する場合は、当該基礎の上部をいう）から施設の棟までの高さが８ｍ以内であること。「軒の高さが６ｍ以内」とは、施設の設置される敷地の地盤面から当該施設の軒までの高さが６ｍ以内であること

②　施設から生ずる排水の放流先の機能に支障を及ぼさないために放流先の管理者の同意があったこと。その他周辺農地の営農条件に著しい支障が生じないように必要な措置が講じられていること

⑶　施設設置に必要な行政庁の許認可等を受けている、または受ける見込みがあること

⑷　施設が「農作物栽培高度化施設」であることを明らかにする標識の設置など、適当な措置が購じられていること

⑸　施設を設けた土地が所有権以外の権限に基づいて供されている場合は、施設の設置について、その土地の所有権を有する者の同意があったこと

農作物栽培高度化施設を設置しようとする者(以下「届出者」）は、施設を設置する農地が所在する市町村の農業委員会に、農地法第43条第１項の規定による届出（高度化施設関係通知様式例第１号および第２号・第３号等の添付書類）を行います。

農業委員会は、当該届出に係る施設が農地法施行規則第88条の３の各号の要件を満たしているかを記載事項および添付書類等に基づいて確認し、農地法第43条第１項の規定による届出の受理または不受理を決定し、届出者に通知します。

届出者は、受理通知書の交付を受けた後、農作物栽培高度化施設の設置に着手します。

借地に農作物栽培高度化施設を設置しようとする場合には、その土地の所有権等、届出者が施設を設置する際に妨げとなる権利を有する者が設置について同意したことを証する書面（様式例第３号）の提出が必要となります。

なお、農地を農作物栽培高度化施設用地として利用するため、所有権移転や賃借権等の請負をする場合、この届出と併せて農地法第３条の許可申請を行うことが必要となります。

農業委員会は土地の所有者に対し、農作物の栽培を行う者が撤退した場合の混乱を防止するため、①土地を明け渡す際の原状回復の義務は誰にあるか、②原状回復の費用は誰が負担するか、③原状回復がなされないときの損害賠償の取り決めがあるか、④貸借期間の中途の契約終了時における違約金支払いの取り決めがあるかについて、土地の契約において明記することが適当である旨を周知します。

農作物栽培高度化施設が設置された後、農業委員会は農作物の栽培が適切に行われていることを確認する必要があります。その結果、営農計画上営農を行うべき時期に農作物の栽培が行われていないことが確認された場合には、農業委員会は相当の期限（６月以内）を定めて農作物の栽培を行うべき旨の勧告をすることができます（法第 44 条）。設置された農作物栽培高度化施設用地において農作物の栽培の用に供さないことが確実となった場合（違反転用に該当すること）を把握した場合は、都道府県知事または農地法第 4 条第 1 項に規定する指定市町村の長に報告するとともに、農地法第 51 条に基づく違反転用に対する措置を行います。

Ⅱ 営農型太陽光発電設備の取扱い

農地に支柱を立てて、営農を適切に継続しながら上部空間に太陽光発電設備を設置することにより農業と発電を両立する仕組み（営農型太陽光発電設備）は、支柱の基礎部分について一時転用許可が必要となります。

営農型太陽光発電設備の農地転用許可制度上の取扱いについては、平成 25 年 3 月 31 日付け 24 農振第 2657 号農村振興局長通知で明確化されていましたが、一時転用許可後の営農状況等の調査結果を踏まえ、担い手が下部の農地で営農する場合や荒廃農地を活用する場合等には、一時転用期間をそれまでの 3 年以内から 10 年以内に延長されています（平成 30 年 5 月 15 日付け 30 農振第 78 号農村振興局長通知）。

一時転用期間が10年以内となるケース（次のいずれかの場合）
・担い手（※）が所有している農地又は賃借権その他の使用及び収益を目的とする権利を有する農地等を利用して当該担い手が営農を行う場合
・農用地区域内を含め荒廃農地を活用する場合
・農用地区域外の第２種農地または第３種農地を活用する場合
（※）「担い手」とは、効率的かつ安定的な農業経営体、認定農業者、認定新規就農者、法人化を目指す集落営農をいいます。

一時転用許可に当たり、下部農地における営農の適切な継続が確実か（①営農が行われるか、②同年の地域の平均的な単収と比較しておおむね２割以上減少していないか、③生産された農作物の品質に著しい劣化が生じていないか）、農作物の生育に適した日照量を保つための設計となっているか、パネル架台の支柱は下部農地で使用する農業機械等の効率的な利用が可能な高さ（最低地上高おおむね２m以上）となっているか、また、周辺農地の効率的利用に支障がない位置か等を確認します。

一時転用の期間中に営農上の問題がない場合には再許可が可能となります。

また、一時転用許可の条件として、年に１回の報告を義務付け、農産物生産等に支障が生じていないかを確認します（著しい支障がある場合には、必要な改善措置、営農発電設備の撤去・復元を義務付けています）。

Ⅲ 違反転用に対する措置

農地法第51条

都道府県知事等は、政令で定めるところにより、次の各号のいずれかに該当する者（以下この条において「違反転用者等」という。）に対して、土地の農業上の利用の確保及び他の公益並びに関係人の利益を衡量して特に必要があると認めるときは、その必要の限度において、第四条若しくは第五条の規定によつてした許可を取り消し、その条件を変更し、若しくは新たに条件を付し、又は工事その他の行為の停止を命じ、若しくは相当の期限を定めて原状回復その他違反を是正するため必要な措置（以下この条において「原状回復等の措置」という。）を講ずべきことを命ずることができる。

一　第４条第１項若しくは第５条第１項の規定に違反した者又はその一般承継人

二　第４条第１項又は第５条第１項の許可に付した条件に違反している者

三　前２号に掲げる者から当該違反に係る土地について工事その他の行為を請け負つた者又はその工事その他の行為の下請人

四　偽りその他不正の手段により、第４条第１項又は第５条第１項の許可を受けた者

2　前項の規定による命令をするときは、農林水産省令で定める事項を記載した命令書を交付しなければならない。

3　都道府県知事等は、第１項に規定する場合において、次の各号のいずれかに該当すると認めるときは、自らその原状回復等の措置の全部又は一部を講ずることができる。この場合において、第２号に該当すると認めるときは、相当の期限を定めて、当該原状回復等の措置を講ずべき旨及びその期限までに当該原状回復等の措置を講じないときは、自ら当該原状回復等の措置を講じ、当該措置に要した費用を徴収する旨を、あらかじめ、公告しなければならない。

一　第１項の規定により原状回復等の措置を講ずべきことを命ぜられた違反転用者等が、当該命令に係る期限までに当該命令に係る措置を講じないとき、講じても十分でないとき、又は講ずる見込みがないとき。

二　第１項の規定により原状回復等の措置を講ずべきことを命じようとする場合において、相当な努力が払われたと認められるものとして政令で定める方法により探索を行つてもなお当該原状回復等の措置を命ずべき違反転用者等を確知することができないとき。

三　緊急に原状回復等の措置を講ずる必要がある場合において、第１項の規定により原状回復等の措置を講ずべきことを命ずるいとまがないとき。

4　都道府県知事等は、前項の規定により同項の原状回復等の措置の全部又は一部を講じたときは、当該原状回復等の措置に要した費用について、農林水産省令で定めるところにより、当該違反転用者等に負担させることができる。

5　前項の規定により負担させる費用の徴収については、行政代執行法第５条及び第６条の規定を準用する。

農地を転用したり、転用のために農地を売買等するときは、原則として農地転用許可を受けなければなりません。また、許可後において転用目的を変更する場合等には、事業計画の変更の手続きを行う必要があります。

この許可を受けないで無断で農地を転用した場合や、転用許可に係る事業計画どおりに転用していない場合には、農地法に違反することとなり、工事の中止や原状回復等の命令がなされる場合があります（農地法第51条）。

また、違反行為をしたときは、次の罰則が適用されます（農地法第64条、第67条）。

① 違反転用

　３年以下の懲役または300万円以下の罰金（法人は１億円以下の罰金）

② 違反転用における原状回復命令違反

　３年以下の懲役または300万円以下の罰金（法人は１億円以下の罰金）

違反転用に対する措置について

違反転用行為とは（農地法第 51 条第 1 項）

- ▶許可を受けないで農地を転用すること
- ▶許可を受けないで農地等を転用するために権利の設定・移転を行うこと
- ▶転用許可に付した条件に違反すること
- ▶違反転用者からその違反に係る工事等を請け負うこと
- ▶虚偽等の不正な手段による許可を受けること

違反転用に対する一般的な対応の流れ

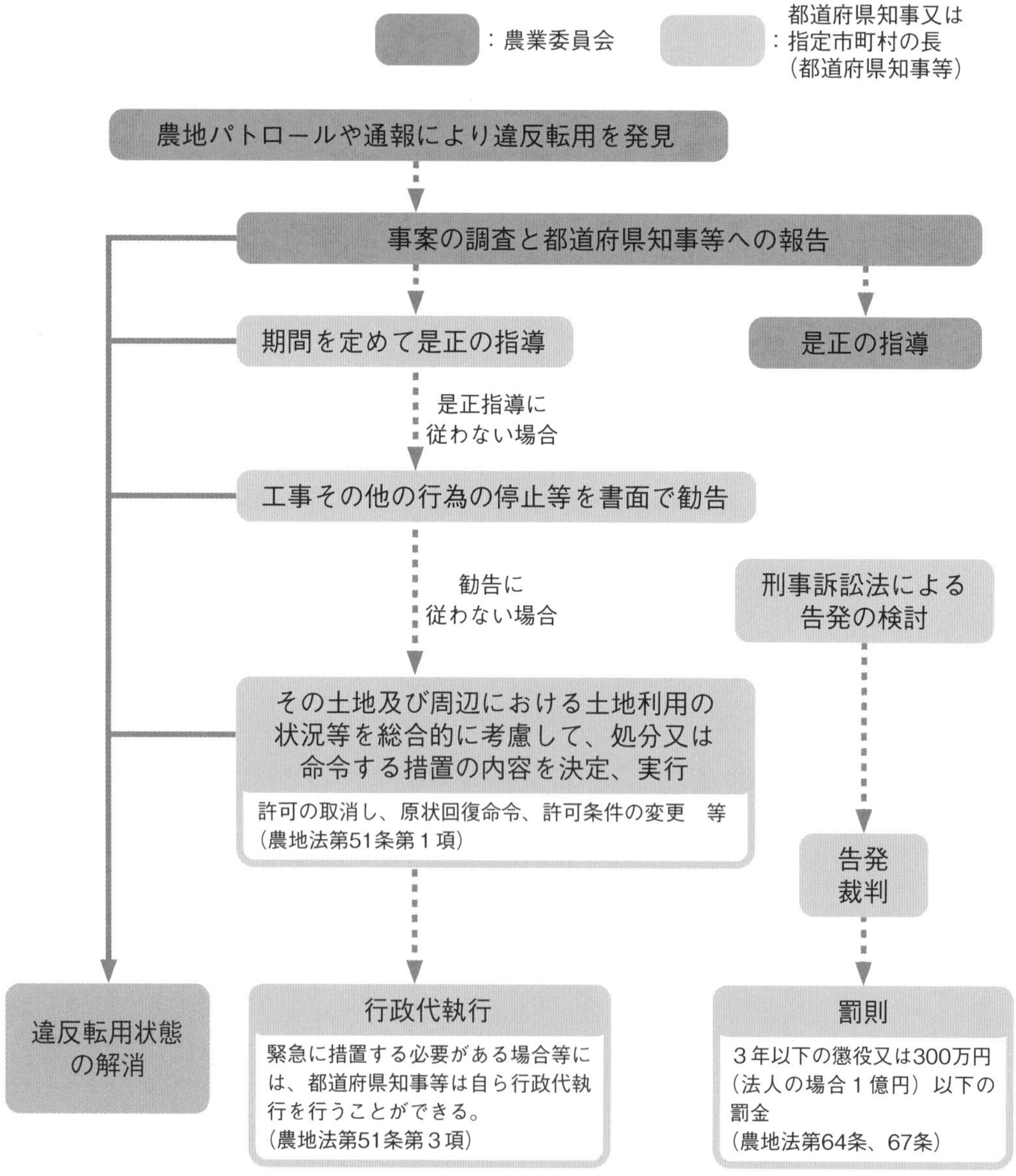

：農業委員会
：都道府県知事又は指定市町村の長（都道府県知事等）
農地パトロールや通報により違反転用を発見
事案の調査と都道府県知事等への報告
期間を定めて是正の指導
是正の指導
是正指導に従わない場合
工事その他の行為の停止等を書面で勧告
勧告に従わない場合
刑事訴訟法による告発の検討
その土地及び周辺における土地利用の状況等を総合的に考慮して、処分又は命令する措置の内容を決定、実行
許可の取消し、原状回復命令、許可条件の変更　等（農地法第51条第１項）
告発
裁判
違反転用状態の解消
行政代執行
緊急に措置する必要がある場合等には、都道府県知事等は自ら行政代執行を行うことができる。（農地法第51条第３項）
罰則
３年以下の懲役又は300万円（法人の場合１億円）以下の罰金（農地法第64条、67条）

参考資料

農地転用の推移

（単位：件、ha）

	許　可		届　出		協　議		許可・届出・協議以外			合計
							公共転用等	基盤強化法	合計	
	件数	（面積）	件数	（面積）	件数	（面積）	（面積）	（面積）	（面積）	（面積）
昭和45年	543,391	44,363	33,887	2,156			10,615		10,615	57,134
48年	350,950	36,290	257,137	16,242			15,188		15,188	67,720
50年	218,464	17,970	167,913	7,537			9,096		9,096	34,603
55年	189,913	14,427	149,003	6,961			9,390		9,390	30,778
60年	150,030	12,448	128,976	5,937			8,959		8,959	27,344
平成２年	181,783	19,810	136,310	7,212			8,191		8,191	35,213
５年	156,083	16,847	119,293	6,448			8,052		8,052	31,347
10年	128,214	13,246	91,162	4,740			6,221	34	6,255	24,242
15年	98,246	9,339	84,724	4,287			4,341	38	4,379	18,005
20年	78,340	7,453	73,009	3,769			4,599	26	4,625	15,846
21年	66,865	6,002	62,650	3,035			4,632	23	4,655	13,692
22年	65,146	5,761	64,895	3,151	5	2	3,348	26	3,374	12,288
23年	62,978	5,284	64,147	3,247	2	0	2,749	12	2,761	11,293
24年	66,146	5,696	71,179	3,687	3	1	2,603	13	2,616	11,999
25年	75,130	6,794	75,753	4,066	2	1	2,942	13	2,955	13,817
26年	75,538	7,780	71,229	3,753	4	4	3,697	19	3,716	15,253
27年	76,256	7,791	72,415	3,817	1	0	4,900	39	4,938	16,547
28年	76,677	7,796	69,973	3,769	1	2	4,876	27	4,902	16,470
29年	76,003	7,701	69,591	3,679	4	3	6,297	11	6,309	17,692
29構成比		43.5%		20.8%		0.0%	35.6%	0.1%	35.7%	100.0%

資料：農林水産省「土地管理情報収集分析調査」（平成21年まで）、「農地の権利移動・借賃等調査」（平成22年から）
注１：届出は、市街化区域内農地の転用について農業委員会へ届出したもの。
　２：「協議」とは、国又は都道府県が行う学校、病院等への転用のうち、転用許可権者と法定協議を行ったもの。
　３：「許可・届出・協議以外」の「公共転用」とは、国、地方公共団体等が道路、鉄道等の公共・公益施設、農業用施設200㎡未満）等に転用されたもの。
　４：「許可・届出・協議以外」の「基盤強化法」とは、農業経営基盤強化促進法による農業用施設に転用されたもの。

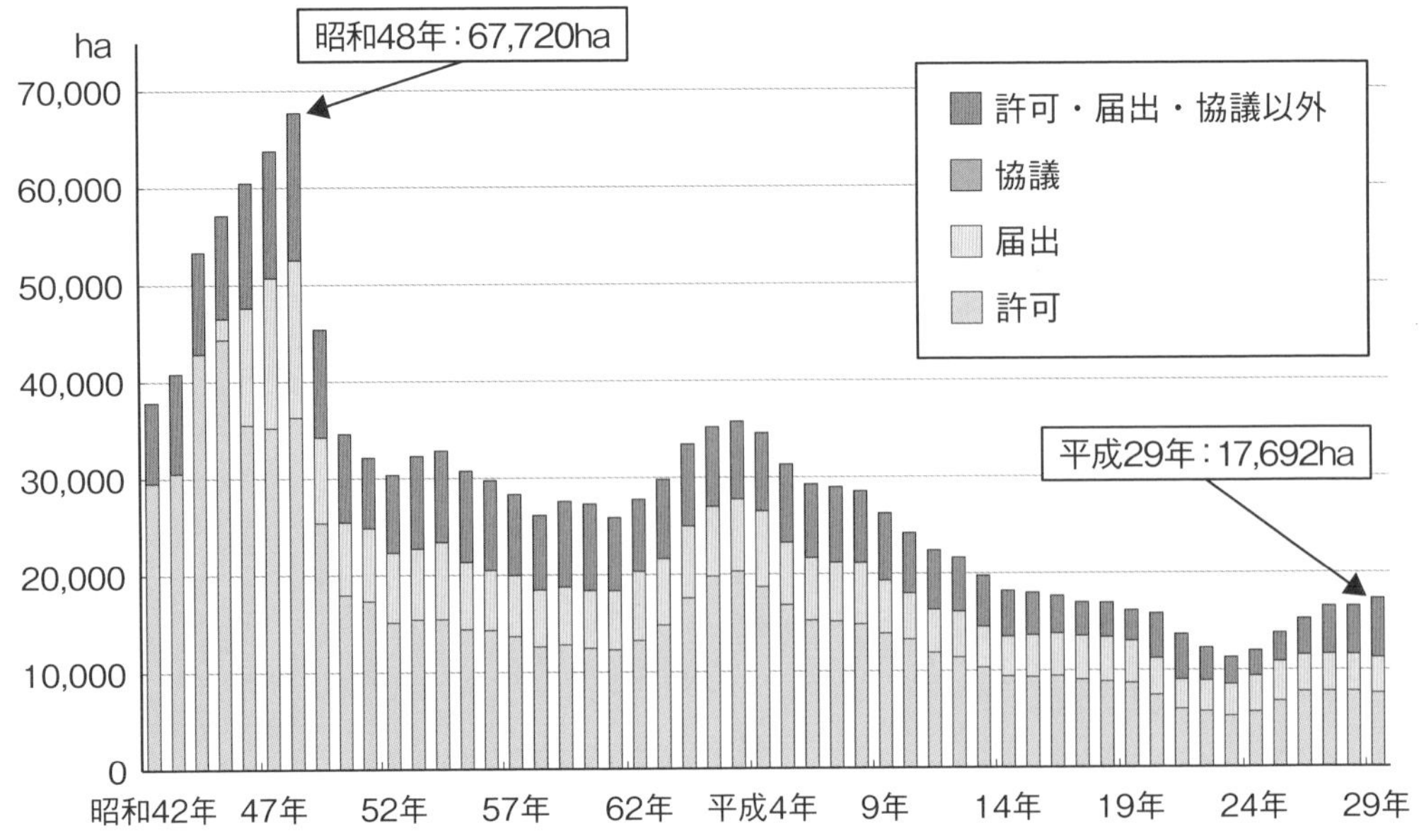

違反転用の是正状況（当該年に新たに発見した違反転用）

（単位：件、ha）

	行政庁が当該年に新たに発見した違反転用		うち当該年中に違反状態が是正されたもの								未是正のもの	
			原状回復		追認許可		その他		計			
	件数	面積	件数	面積	件数	面積	件数	面積	件数	面積	件数	面積
平成20年	8,197	566	107	17	7,227	449	17	3	7,351	468	846	98
平成21年	6,485	529	95	13	5,696	388	27	8	5,818	409	667	120
平成22年	6,519	469	104	10	5,712	376	145	7	5,961	392	558	77
平成23年	6,790	465	109	11	6,039	384	96	6	6,244	401	546	64
平成24年	4,882	336	59	5	4,443	288	8	0.2	4,510	294	372	42
平成25年	5,403	385	71	6	4,923	325	29	4	5,023	336	380	50
平成26年	3,922	287	19	5	3,650	239	8	2	3,677	245	245	42
平成27年	4,455	348	64	7	4,066	286	2	1	4,132	294	323	54
平成28年	4,191	347	51	7	3,785	249	13	1	3,849	257	342	90
平成29年	4,073	285	59	7	3,507	212	9	1	3,575	220	498	65
平成30年	3,648	292	39	3	3,131	214	4	0.3	3,174	218	474	74

資料：農村振興局農村計画課調べ
注：「その他」とは、許可条件の変更が認められたもの、事業者が利用目的を当初の許可申請どおりに改めたもの等である。

○宅地分譲を目的とする宅地造成事業の特例措置一覧

農地法施行規則	事業主体	用途	留意事項	関係通知
第47条第1項第5号				
イ　農業構造の改善に資する事業の実施により農業の振興に資する施設の用に供される土地を造成するため農地を農地以外のものにする場合であつて、当該農地が当該施設の用に供されることが確実と認められるとき。	市町村、農業協同組合	農業用施設等	「農業構造の改善に資する事業」とは、経営構造対策事業をいう。「当該農地が当該施設の用に供されることが確実」か否かは右通知により判断される。	「経営構造対策事業の実施と農地転用許可との調整について」（平12.3.29、12構改B335）
ロ　農業協同組合が農業協同組合法第10条第5項に規定する事業の実施により工場、住宅その他の施設の用に供される土地を造成するため農地を農地以外のものにする場合であつて、当該農地がこれらの施設の用に供されることが確実と認められるとき。	農業協同組合	工場、住宅その他の施設		
ハ　農地中間管理機構が農業用施設の用に供される土地を造成するため農地を農地以外のものにする場合であつて、当該農地が当該施設の用に供されることが確実と認められるとき。	農地中間管理機構	農業用施設		
ニ　第38条に規定する計画に従つて工場、住宅その他の施設の用に供される土地を造成するため農地を農地以外のものにする場合	事業主体を問わない	工場、住宅その他の施設	第38条に規定する計画は、農業振興地域整備計画、農振法施行規則第4条の4第26号の2及び27号の要件を満たす計画が該当する。	
ホ　非農用地区域内において当該非農用地区域に係る土地改良事業計画、特定	事業主体を問わない	非農用地区域に係る土地改良事	非農用地区域に設定する場合には、右通知により土地調整	「非農用地区域の設定に伴う土地改良事業を行う場合にお

地域整備事業実施計画又は農用地整備事業実施計画に定められた用途に供される土地を造成するため農地を農地以外のものにする場合であつて、当該農地が当該用途に供されることが確実と認められるとき。		業計画、特定地域整備事業実施計画又は農用地整備事業実施計画に定められた用途	が行われる。	ける農地法等関連制度との調整について」（昭 49.7.12、49 構改Ｂ 1241）
へ　都市計画法第８条第１項第１号に規定する用途地域が定められている土地の区域（農業上の土地利用との調整が調つたものに限る。）内において工場、住宅その他の施設の用に供される土地を造成するため農地を農地以外のものにする場合であつて、当該農地がこれらの施設の用に供されることが確実と認められるとき。	事業主体を問わない	定められた用途に即した住宅、工場、その他の施設	「農業上の土地利用との調整」は、右通知により行われる。	「都市計画と農林漁業との調整措置について」（平 14.11.1、14 農振 1452）
ト　都市計画法第 12 条の５第１項に規定する地区計画が定められている区域（農業上の土地利用との調整が調つたものに限る。）内において、同法第 34 条第 10 号の規定に該当するものとして同法第 29 条第１項の許可を受けて住宅又はこれに附帯する施設の用に供される土地を造成するため農地以外のものにする場合であつて、当該農地がこれらの施設の用に供されることが確実と認められるとき。	事業主体を問わない	住宅又はこれに附帯する施設	「農業上の土地利用との調整」は、右通知により行われる。また、都市計画法第 34 条第 10 号の規定に該当するものとして同法第 29 条第１項の許可を受けて行うものに限られる。	「都市計画と農林漁業との調整措置について」（平 14.11.1、14 農振 1452）
チ　集落地域整備法第５条第１項に規定する集落地区計画が定められている区域（農業上の土地利用との調整が調つたものに限る。）内において集落地区	事業主体を問わない	集落地区計画に定められる建築物等に関する事項に適合する建	「農業上の土地利用との調整」は、右通知により行われる。	「多極分散型国土形成促進法に基づく開発計画及び集落地域整備法に基づく集落地区計画における施設の整備と農地

農地法施行規則	事業主体	用途	留意事項	関係通知
整備計画に定められる建築物等に関する事項に適合する建築物等の用に供される土地を造成するため農地を農地以外のものにする場合であつて、当該農地がこれらの建築物等の用に供されることが確実と認められるとき。		築物等		等転用規制及び農業振興地域制度との調整等に係る留意事項等について」（平元.3.30、元構改Ｂ 155）等
リ　国（国が出資している法人を含む。）の出資により設立された法人、地方公共団体の出資により設立された一般社団法人若しくは一般財団法人、土地開発公社又は農業協同組合若しくは農業協同組合連合会が、農村地域への産業の導入の促進等に関する法律（昭和46年法律第112号）第５条第１項に規定する実施計画に基づき同条第２項第１号に規定する産業導入地区内において同条第３項第１号に規定する施設の用に供される土地を造成するため農地を農地以外のものにする場合	国（国が出資している法人を含む。）の出資により設立された法人、地方公共団体の出資により設立された一般社団法人若しくは一般財団法人、土地開発公社、農業協同組合、農業協同組合連合会	工場、共同流通業務施設その他の施設	産業の導入に関する実施計画を定めようとするときは、右通知により土地利用調整が行われる。	「農村地域への産業の導入の促進等に関する法律に基づく計画に係る農業振興地域制度及び農地転用許可制度との調整について」（平 30.3.1、29農振第 1771 号農村振興局長通知）
ヌ　総合保養地域整備法（昭和62年法律第71号）第７条第１項に規定する同意基本構想に基づき同法第４条第２項第３号に規定する重点整備地区内において同法第２条第１項に規定する特定施設の用に供される土地を造成するため農地を農地以外のものにする場合であつて、当該農地が当該施設の用に供されることが確実と認められるとき。	事業主体を問わない	重点整備地区内の特定施設	重点整備地区内の施設整備計画を定めようとするときは、右通知により土地利用調整が行われる。	「総合保養地整備法に基づく重点整備地区の整備と農地等転用規制との調整等について」（昭 62.11.19、62 構改Ｂ 1139）等
ル　削除				

ヲ　多極分散型国土形成促進法（昭和63年法律第83号）第11条第1項に規定する同意基本構想に基づき同法第7条第2項第2号に規定する重点整備地区内において同項第3号に規定する中核的施設の用に供される土地を造成するため農地を農地以外のものにする場合であつて、当該農地が当該施設の用に供されることが確実と認められるとき。	事業主体を問わない	重点整備地区内の中核的施設	重点整備地区内の施設整備計画を定めようとするときは、右通知により土地利用調整が行われる。	「多極分散型国土形成促進法に基づく開発計画及び集落地域整備法に基づく集落地区計画における施設の整備と農地等転用規制及び農業振興地域制度との調整等に係る留意事項等について」（平元.3.30、元構改B 155）等
ワ　地方拠点都市地域の整備及び産業業務施設の再配置の促進に関する法律（平成4年法律第76号）第8条第1項に規定する同意基本計画に基づき同法第2条第2項に規定する拠点地区内において同項の事業として住宅及び住宅地若しくは同法第6条第5項に規定する教養文化施設等の用に供される土地を造成するため又は同条第4項に規定する拠点地区内において同法第2条第3項に規定する産業業務施設の用に供される土地を造成するため農地を農地以外のものにする場合であつて、当該農地がこれらの施設の用に供されることが確実と認められるとき。	事業主体を問わない	拠点地区内の住宅、教養文化施設等、産業業務施設	拠点地区内の施設整備計画を定めようとするときは、右通知により土地利用調整が行われる。	「地方拠点都市地域の整備及び産業業務施設の再配置の促進に関する法律に基づく拠点地区の整備と農地等転用規制との調整等について」（平5.2.5、5構改B 63）等
カ　地域経済牽引事業の促進による地域の成長発展の基盤強化に関する法律（平成19年法律第40号）第14条第2項に規定する承認地域経済牽引事業計画に基づき同法第11条第2項第1	事業主体を問わない	土地利用調整区域内の地域経済牽引事業の用に供する施設	土地利用調整区域内の地域経済牽引事業計画を定めようとするときは、右通知により土地利用調整が行われる。	「地域経済牽引事業の促進による地域の成長発展の基盤強化に関する法律に基づく計画に係る農業振興地域制度及び農地転用許可制度の運用につ

農地法施行規則	事業主体	用途	留意事項	関係通知
号に規定する土地利用調整区域内において同法第13条第3項第1号に規定する施設の用に供される土地を造成するため農地を農地以外のものにする場合であつて、当該農地が当該施設の用に供されることが確実と認められるとき。				いて」（平30.3.1、29農振第1771号農村振興局長通知）
ヨ　削除				
タ　大都市地域における優良宅地開発の促進に関する緊急措置法（昭和63年法律第47号）第3条第1項の認定を受けた宅地開発事業計画に従つて住宅その他の施設の用に供される土地を造成するため農地を農地以外のものにする場合であつて、当該農地がこれらの施設の用に供されることが確実と認められるとき。	事業主体を問わない	住宅その他の施設	宅地開発事業計画を定めようとするときは、右通知により土地利用調整が行われる。	「大都市地域における優良宅地開発の促進に関する緊急措置法に基づく宅地開発と農地等転用規制との調整等について」（昭63.12.26、63構改B1261）
レ　地方公共団体（都道府県等を除く。）又は独立行政法人都市再生機構その他国（国が出資している法人を含む。）の出資により設立された地域の開発を目的とする法人が工場、住宅その他の施設の用に供される土地を造成するため農地を農地以外のものにする場合	地方公共団体、独立行政法人都市再生機構、国（国が出資している法人を含む。）の出資により設立された地域開発を目的とする法人	工場、住宅その他の施設		
ソ　電気事業者又は独立行政法人水資源機構その他国若しくは地方公共団体の出資により設立された法人が、ダムの	電気事業者、国又は地方公共団体の出資により	工場、住宅その他の施設		

建設に伴い移転が必要となる工場、住宅その他の施設の用に供される土地を造成するため農地を農地以外のものにする場合	設立された法人			
ツ　事業協同組合等（独立行政法人中小企業基盤整備機構法施行令（平成16年政令第182号）第3条第1項第3号に規定する事業協同組合等をいう。以下同じ。）が同号に規定する事業の実施により工場、事業場その他の施設の用に供される土地を造成するため農地を農地以外のものにする場合	事業協同組合、事業協同組合連合会	工場、事業場その他の施設		
ネ　地方住宅供給公社、日本勤労者住宅協会若しくは土地開発公社又は一般社団法人若しくは一般財団法人が住宅又はこれに附帯する施設の用に供される土地を造成するため農地を農地以外のものにする場合であつて、当該農地がこれらの施設の用に供されることが確実と認められるとき。	地方住宅供給公社、日本勤労者住宅協会、土地開発公社、一般社団法人、一般財団法人	住宅又はこれに附帯する施設		
ナ　土地開発公社が土地収用法第3条各号に掲げる施設を設置しようとする者から委託を受けてこれらの施設の用に供される土地を造成するため農地を農地以外のものにする場合であつて、当該農地がこれらの施設の用に供されることが確実と認められるとき。	土地開発公社	土地収用法第3条に掲げる施設		「土地開発公社の土地収用該当施設用地等に係る農地取得の取扱いについて」（昭55.10.6、55構改B 1533）
ラ　農用地土壌汚染対策地域として指定された地域内にある農用地（農用地土壌汚染対策計画において農用地として	事業主体を問わない	用途を問わない		

農　地　法　施　行　規　則	事業主体	用　　途	留　意　事　項	関　係　通　知
利用すべき土地の区域として区分された土地の区域内にある農用地を除く。）その他の農用地の土壌の特定有害物質による汚染に起因して当該農用地で生産された農畜産物の流通が著しく困難であり、かつ、当該農用地の周辺の土地の利用状況からみて農用地以外の土地として利用することが適当であると認められる農用地の利用の合理化に資する事業の実施により農地を農地以外のものにする場合				

農地法関係事務に係る処理基準について（抄）

平成12年6月1日付け12構改Ｂ第404号
農林水産事務次官依命通知
最終改正：令和2年7月28日・2経営第1181号

農地法（昭和27年法律第229号）及び農地法施行令（昭和27年政令第445号）については、これらに基づき地方公共団体が処理することとされている事務を、原則として地方自治法第２条第９項第１号に規定する第１号法定受託事務とする改正が行われたところであるが、今般、当該事務について地方自治法第245条の９第１項及び第３項に基づく処理基準が、別紙のとおり定められたので、御了知の上、今後は、本基準によりこれらの事務を適正に処理されたい。

なお、別紙の第１から第５まで、第７から第13まで及び第25から第27までについては、その全部又は一部が市町村の第１号法定受託事務に係る処理基準であるので、管内の市町村に対しては、貴職から通知願いたい。

以上、命により通知する。

別紙１

農地法関係事務に係る処理基準

第６　法第４条関係

１　法第４条第６項に規定する許可基準

都道府県知事又は指定市町村（法第４条第１項に規定する指定市町村をいう。以下同じ。）の長（以下「都道府県知事等」という。）は、法第４条第１項の許可をするか否かの判断に当たっては、法令の定めによるほか、次によるものとする。

(1)　法第４条第６項第１号の判断基準

①　法第４条第６項第１号イに掲げる農地を転用する場合に令第４条第１項第１号に掲げる事由に該当するか否かの判断に当たっては、法令の定めによるほか、次によるものとする。

ア　令第４条第１項第１号イの「一時的な利用」とは、申請に係る目的を達成することができる必要最小限の期間をいい、農業振興地域の整備に関する法律第８条第１項又は第９条第１項の規定により定められた農業振興地域整備計画の達成に支障を及ぼすことのないことを担保する観点から、３年以内の期間に限定するものとする。

イ　令第４条第１項第１号イの「当該利用の目的を達成する上で当該農地を供することが必要であると認められる」とは、申請に係る農地に代えて周辺の他の土地を供することによっては当該申請に係る事業の目的を達成することができないと認められる場合であって、かつ、利用の目的が当該農地を農地として利用することと比較して優先すべきものであると認められる（具体的には、令第４条第１項第２号イからへまでのいずれかに該当するものが対象となり得る。）場合をいうものとする。

ウ　砂利の採取を目的とする一時転用については、次に掲げる要件の全てが満たされなければならないものとする。

(ア)　砂利採取業者が砂利の採取後直ちに採取跡地の埋戻し及び廃土の処理を行うことにより、転用期間内に確実に当該農地を復元することを担保するため、次のいずれかの措置が講じられていること。

a　砂利採取法（昭和43年法律第74号）第16条の規定により都道府県知事の認可を受けた採取計画（以下「採取計画」という。）が当該砂利採取業者と砂利採取業者で構成する法人格を有する団体（その連合会を含む。）との連名で策定されており、かつ、当該砂利採取業者及び当該団体が採取跡地の埋戻し及び農地の復元について共同責任を負っていること。

b　当該農地の所有者、砂利採取業者並びに採取跡地の埋戻し及び農地の復元の履行を保証する資力及び信用を有する者（以下「保証人」という。）の三者間の契約において、次に掲げる事項が定められていること。

(a)　当該砂利採取業者が採取計画に従って採取跡地の埋戻し及び

農地の復元を行わないときには、保証人がこれらの行為を当該砂利採取業者に代わって行うこと。

(b) 当該砂利採取業者が適当な第三者機関に採取跡地の埋戻し及び農地の復元を担保するのに必要な金額の金銭等を預託すること。

(c) 保証人が当該砂利採取業者に代わって採取跡地の埋戻し及び農地の復元を行ったときには、(b)の金銭等をその費用に充当することができること。

(イ) 砂利採取業者の農地の復元に関する計画が、当該農地及び周辺の農地の農業上の効率的な利用を確保する見地からみて適当であると認められるものであること。また、当該農地について土地改良法（昭和24年法律第195号）第２条第２項に規定する土地改良事業の施行が計画されている場合においては、当該土地改良事業の計画と農地の復元に関する計画との調整が行われていること。

② 則第33条第２号に掲げる施設に該当するか否かの判断は、次によるものとする。

ア 「農業従事者」には、農業従事者の世帯員も含まれるものとする。

イ 「就業機会の増大に寄与する施設」に該当するか否かは、当該施設において新たに雇用されることとなる者に占める農業従事者の割合がおおむね３割以上であるか否かをもって判断するものとする。ただし、人口減少、高齢化の進行等により雇用可能な農業従事者の数が十分でないことその他の特別の事情がある場合には、このような事情を踏まえて都道府県知事等が設定した基準（以下このイにおいて「特別基準」という。）により判断して差し支えない。

当該施設の用に供するために行われる農地転用に係る許可の申請を受けた際には、申請書に雇用計画及び申請者と地元自治体との雇用協定を添付することを求めた上で、農業従事者の雇用の確実性の判断を行うものとする。

なお、雇用計画については、当該施設において新たに雇用されることとなる者の数、地元自治体における農業従事者の数及び農業従事の実態等を踏まえ、当該施設において新たに雇用されることとなる者に占める農業従事者の割合がおおむね３割以上となること（特別基準が設定されている場合にあっては、当該特別基準を満たすこと）が確実であると判断される内容のものであるものとする。

また、雇用協定においては、当該施設において新たに雇用された農業従事者（当該施設において新たに雇用されたことを契機に農業に従事しなくなった者を含む。以下このイにおいて同じ。）の雇用実績を毎年地元自治体に報告し、当該施設において新たに雇用された者に占める農業従事者の割合がおおむね３割以上となっていない場合（特別基準が設定されている場合にあっては、当該特別基準を満たしていない場合）にこれを是正するために講ずべき措置を併せて定めるものとする。この講ずべき措置の具体的な内容としては、例えば、被雇用者の年齢条件を緩和した上で再度募集をすること、近隣自治体にまで範囲を広げて再度募集すること等が想定される。

(2) 法第４条第６項第３号の判断基準

申請に係る事業の施行に関して法令（条例を含む。）により義務付けられている行政庁との協議を行っていない場合については、則第47条第１号に掲げる事由に該当し、申請に係る農地を申請に係る用途に供することが確実と認められないと判断するものとする。

(3) 法第４条第６項第６号の判断基準

法第４条第６項第６号の「その利用に供された後にその土地が耕作の目的に供されること」とは、一時的な利用に供された後、速やかに農地として利用することができる状態に回復されることをいう。

2 法第４条第１項の許可に係る事務処理基準

法第４条第１項の許可に係る事務の処理に当たっては、法令の定めによるほか、次によるものとする。

(1) 賃借権の設定された農地の転用に係る事務処理

申請に係る農地の全部又は一部が賃借権

の設定された農地である場合であって、当該農地について耕作を行っている者以外の者が転用する場合の許可は、その農地に係る法第18条第１項の賃貸借の解約等の許可と併せて処理するものとする。

(2) 公的な計画との調整

農村地域への産業の導入の促進等に関する法律（昭和46年法律第112号）第５条第１項に規定する実施計画に基づく施設用地の整備など地域の振興等の観点から地方公共団体等が定める公的な計画に従って農地を転用して行われる施設整備等については、農業上の土地利用との調和を図る観点から、当該実施計画の策定の段階で、転用を行う農地の位置等について当該実施計画の所管部局と十分な調整を行うものとする。

(3) 法第４条第７項の許可条件

都道府県知事等は、法第４条第１項の許可を行う際は、同条第７項に基づき、原則として次に掲げる条件を付するものとする（③に掲げる条件については、農地の転用目的が一時的な利用の場合に限る。）。

なお、都道府県知事等は、条件を付する場合は、一定の期間内に一定の行為をしない場合には許可が失効するというような解除条件は避ける等、その後の許可の効力等につき疑義を生ずることのないよう明確な条件を付けるものとする。

① 申請書に記載された事業計画に従って事業の用に供すること。

② 許可に係る工事が完了するまでの間、本件許可の日から３か月後及びその後１年ごとに工事の進捗状況を報告し、許可に係る工事が完了したときは、遅滞なくその旨を報告すること。

③ 申請書に記載された工事の完了の日までに農地に復元すること。

(4) 許可書に対する注意事項の記載

都道府県知事等は、法第４条第１項に基づき許可書を申請者に交付するときは、その許可書に下記の注意事項を記載するものとする。

[注意事項]

許可に係る土地を申請書に記載された事業計画（用途、施設の配置、着工及び完工の時期、被害防除措置等を含む。）に従ってその事業の用に供しないときは、農地法第51条第１項の規定によりその許可を取り消し、その条件を変更し、若しくは新たに条件を付し、又は工事その他の行為の停止を命じ、若しくは相当の期限を定めて原状回復その他違反を是正するための必要な措置を講ずべきことを命ずることがあります。

(5) 農業委員会に対する通知

都道府県知事等は、法第４条第１項の処分を行った場合には、その旨を申請に係る農地の所在する市町村の区域を管轄する農業委員会に通知するものとする。

(6) 農地転用許可等に係る工事の完了前についての取扱い

法第４条第１項の許可に係る土地について、当該許可に係る工事が完了する前に、当該土地が農地以外の土地であると判断することは、適切でない。

また、法第４条第１項ただし書の規定の適用を受ける土地についても、同様である。なお、当該土地について工事が完了する前に同項各号のいずれにも該当しなくなった場合には、改めて許可を受ける必要があることに留意する。

3 法第４条第１項第８号の届出に係る事務処理基準

農業委員会は、法第４条第１項第８号の規定による届出の受理に係る事務の処理に当たっては、法令の定めによるほか、次によるものとする。

(1) 土地改良区に対する通知

農業委員会は、法第４条第１項第８号の規定による届出があった場合において、当該届出に係る農地が土地改良区の地区内にあるときは、農地の転用を行う旨の届出がなされたことを当該土地改良区に通知するものとする。

(2) 届出を受理しない場合

法第４条第１項第８号の規定による届出については、少なくとも次に掲げる場合には、当該届出が適正なものではないこととして不受理とするものとする。

ア 届出に係る農地が市街化区域にない場合

イ 届出者が届出に係る農地につき権原を有していない場合

ウ 届出書に添付すべき書類が添付されていない場合

4 法第４条第８項の協議に係る事務処理基準

法第４条第８項の協議に係る事務の処理に

当たっては、法令の定めによるほか、次によるものとする。

(1) 法第4条第8項の協議の手続

国、都道府県又は指定市町村が農地を農地以外のものにしようとする場合には、直接、都道府県知事（指定市町村の区域内にあっては、指定市町村の長。以下この(1)において同じ。）に対し、文書により協議を求めるものとし、当該文書の提出により協議を受けた都道府県知事は、当該協議を成立させるか否かについて文書により回答するものとする。

(2) 法第4条第8項の協議の基準

当該協議を成立させるか否かの判断基準については、法第4条第6項に規定する許可基準の例によるものとする。

第7　法第5条関係

1　都道府県知事等の事務処理基準

都道府県知事等は、法第5条第1項及び第4項に係る事務の処理に当たっては、法令の定めによるほか、第6の1、2及び4と同様に行うものとする。

2　農業委員会の事務処理基準

農業委員会は、法第5条第1項第7号に係る事務の処理に当たっては、法令の定めによるほか、第6の3と同様に行うものとする。

第14　法第43条関係

1　農作物栽培高度化施設の基準

(1) 則第88条の3第1号の判断基準

① 「専ら農作物の栽培の用に供されるものであること」について、一律の基準は設けないが、施設内における農作物の栽培と関連性のないスペースが広いなど、一般的な農業用ハウスと比較して適正なものとなっていない場合には要件を満たさないと判断される。

②　農業委員会は、法第43条第1項の規定による届出に係る同条第2項に規定する農作物栽培高度化施設（以下「農作物栽培高度化施設」という。）が、専ら農作物の栽培の用に供されることを担保するため、則第88条の2第2項第6号イに規定する書面を提出する必要があることを、届出者（既に当該施設が設置されている高度化施設用地について、法第3条第1項に掲げる権利を取得する場合には、当該土地の権利取得者。以下第14において同じ。）に通知すること。

③　なお、農業委員会は、則第88条の2第2項第5号に規定する営農に関する計画（以下「営農計画書」という。）に記載された生産量と販売量を確認し、届出に係る施設の規模が一般的な農作物の栽培に係る施設の規模と比べて実態に即したものとなっていないと考えられる場合には、当該施設における営農継続を担保する観点から、必要に応じて、施設を適切な規模に見直すよう届出者に助言することが適当である。適切な規模となっているかどうかの判断に迷うときには、都道府県機構（農業委員会等に関する法律（昭和26年法律第88号）第43条第1項に規定する都道府県機構をいう。）を通じて、都道府県等の施設園芸関係部局に助言を求めることが適当である。

この際、地方公共団体その他の関係者は、同法第54条に基づき、都道府県機構から必要な協力を求められた場合には、これに応ずるように努めなければならないこととされていることに留意すること。

(2) 則第88条の3第2号の判断基準

①　同号イの判断基準

「農地法施行規則第88条の2第2項第4号及び第88条の3第2号イの農林水産大臣が定める施設の高さに関する基準（平成30年農林水産省告示第2551号。以下第14において「告示」という。）」により、以下に留意して判断すること。

ア　告示の2の「高さが8メートル以内」とは、施設の設置される敷地の地盤面（施設の設置に当たって概ね30cm以下の基礎を施工する場合には、当該基礎の上部をいう。以下この(2)において同じ。）から施設の棟までの高さが8メートル以内であることをいう。

また、「軒の高さが6メートル以内」とは、施設の設置される敷地の地盤面から当該施設の軒までの高さが6メートル以内であることをいう。

イ　告示の2の「透過性のないもの」とは、着色されたフィルムや木材板、コンクリートなど日光を透過しない素材をいう。

ウ　告示の2の「屋根又は壁面を覆う」とは、屋根や壁面について、柱、梁、窓枠、出入口を除いた部分の大部分の面積を被覆素材が覆っている状態をいう。

エ　告示の２の「周辺の農地におおむね２時間以上日影を生じさせることのないもの」とは、当該施設の設置によって、周辺農地の地盤面に概ね２時間以上日影を生じさせないことをいい、判断に当たっては次によるものとする。

農作物栽培高度化施設を設置するために、届出に係る土地に新たに施設を設置する場合にあっては、則第88条の２第２項第４号の規定による図面により、春分の日及び秋分の日の真太陽時による午前８時から午後４時までの間において２時間以上日影が生じる範囲に周辺農地が含まれていないことを確認することによって判断する。

既存の施設の底面をコンクリート等で覆うための届出が行われた場合にあっては、等時間日影図又は届出書に記載された当該施設の軒の高さと、施設の敷地と隣接（道路、水路、線路敷等を挟んで接する場合を含む）する農地との敷地境界線から当該施設までの距離が、次に該当することを確認することによって判断する。

施設の軒の高さ	敷地境界線から当該施設までの距離
2m以内	2m
2m超　3m以内	2.5m
3m超　4m以内	3.5m
4m超　5m以内	4m
5m超　6m以内	5m

②　同号ロの判断基準

ア「その他周辺の農地に係る営農条件に著しい支障」とは、例えば、周辺農地への土砂の流出又は崩壊、雨水の流入等により、営農条件に著しい支障が生じる場合が想定される。

イ「必要な措置が講じられていること」とは、例えば、土砂の流出による周辺農地への支障が生じることが想定される場合には、それを防止するための擁壁の設置など、農作物栽培高度化施設の設置によって想定される周辺農地の営農条件に著しい支障が生じないよう必要な措置が講じられているかによって判断する。

なお、農作物栽培高度化施設が設置された後、周辺農地の営農条件に著しい支障が生じた場合において、当該支障を防除することが担保されるよう、届出者から、施設を設置することによって、周辺農地に著しい支障が生じた場合には適切な是正措置を講ずる旨の同意書の提出を求めること。

また、施設の設置によって、営農条件に著しい支障が生じるおそれがあると認められる場合には、当該支障を防止するための措置を講ずることを記載した書面の提出を求めた上で、支障を防止するために十分な措置となっているか判断すること。

(3)　則第88条の３第３号の判断基準

①「施設の設置に必要な行政庁の許認可等」については、法令（条例を含む。）により義務付けられている行政庁の許可、認可、承認等をいう。

②「許認可等を受けていること」については、則第88条の２第２項第８号に規定する許認可等（以下第14において「許認可等」という。）を受けたことを証する書面により確認して判断すること。

③「許認可等を受ける見込みがあること」については、届出書に添付する許認可等を受ける見込みがあることを証する書面に記載された担当部局への問い合わせにより確認して判断すること。

(4)　則第88条の３第４号の判断基準

「施設が法第43条第２項に規定する施設であることを明らかにするための標識」とは、次の全ての要件を満たす必要がある。

①　敷地に設置されている施設が、同項に基づく農作物栽培高度化施設であることを表示したものであること。

②　耐久性を持つ素材で作成されたものであり、敷地外から目視によって記載されている内容を確認できる大きさのものであること。

(5)　則第88条の３第５号の判断基準

「届出に係る土地が所有権以外の権原に基づいて施設の用に供される場合」とは、届出に係る土地が所有権以外の権原に基づき農作物栽培高度化施設の用に供される土地（以下「高度化施設用地」という。）とされる全ての場合をいう。

また、共有となっている農地（高度化施設用地を除く。）を高度化施設用地とするために法第43条第１項に掲げる届出を行う場合には、当該農地について所有権を有する者の全ての同意を得る必要があること。

(6) 附帯設備の取扱い

農作物栽培高度化施設に設置する事務所など附帯設備の取扱いについては、「施設園芸用地等の取扱いについて（回答）（平成14年４月１日付け13経営第6953号経営局構造改善課長通知）」で示したとおり、高度化施設用地における農作物の栽培に通常必要不可欠なものとは言えず、当該農地から独立して他用途への利用又は取引の対象となり得ると認められる場合には、高度化施設用地として取り扱うことはできない。

(7) 農作物栽培高度化施設の屋根又壁面に太陽光発電設備等を設置する場合等の取扱い

農作物栽培高度化施設の屋根又は壁面に太陽光発電設備等を設置する場合等は、(1)から(6)までのほか、次の①又は②によること。

① 農作物栽培高度化施設の屋根又は壁面に設置する場合

農作物栽培高度化施設の屋根又は壁面に太陽光発電設備等を設置する場合において、次のいずれかに該当するときは、農作物栽培高度化施設に該当する。

ア 売電しない場合

発電した電力を農作物栽培高度化施設に設置されている設備に直接供給するものであり、発電能力が当該農作物栽培高度化施設の瞬間的な最大消費電力を超えないこと

イ 売電する場合

次のいずれかの者が、その計画に位置付けられた農作物栽培高度化施設に設置すること

(ア) 農業経営基盤強化促進法第12条第１項の規定に基づく農業経営改善計画（同法第13条第１項の規定による変更の認定があったときは、その変更後のものをいう。以下４の(1)の③おいて同じ。）の認定を受けた者

(イ) 農業経営基盤強化促進法第14条の４第１項の規定に基づく青年等就農計画（同法第14条の５第１項の規定による変更の認定があったときは、その変更後のものをいう。以下４の(1)の③おいて同じ。）の認定を受けた者

② 農作物栽培高度化施設に附帯して農地に設置する場合

農作物栽培高度化施設に設置する附帯設備の取扱いについては(6)で示したとおりであり、農作物栽培高度化施設に附帯して太陽光発電設備等を農地に設置する場合についても、高度化施設用地における農作物の栽培に通常必要不可欠なものとは言えず、当該高度化施設用地から独立して他用途への利用又は取引の対象となり得ると認められる場合には、高度化施設用地として取り扱うことはできない。

2 農業委員会が届出を受理した場合における取扱い

(1) 法第43条第１項の規定による届出に係る農作物栽培高度化施設の用に供される土地については、当該農作物栽培高度化施設において行われる農作物の栽培を耕作に該当するものとみなして、法の全ての規定が適用される。

(2) 農業委員会は、法第43条第１項の規定により届出書の提出があった場合において、当該届出を受理したときはその旨を、当該届出を受理しなかったときはその旨及びその理由を、遅滞なく、当該届出をした者に書面で通知しなければならない。

3 高度化施設用地に法の規定を適用する際の留意事項

(1) 法第３条関係

① 法第３条第１項の許可の申請の内容が、

ア 農地（高度化施設用地を除く。）を高度化施設用地として利用するために同項に掲げる権利を取得しようとするものであるとき

イ または、高度化施設用地について同項本文に掲げる権利を取得するとともに、農作物栽培高度化施設の増改築又は建て替えを行うものであるとき

には、当該許可の申請と併せて法第43条第１項の規定による届出を行う必要がある。

② 農業委員会は、法第３条第１項の許可

の申請の内容が、既に設置されている農作物栽培高度化施設の用地について、同項本文に掲げる権利を取得しようとするものであるときは、権利の取得と併せて施設の建て替えを行う場合を除き、当該許可の申請と併せて法第43条第１項の規定による届出を行う必要はないが、当該権利を取得した後、則第88条の３に規定する農作物栽培高度化施設の基準を満たす必要がある。

このため、許可申請書には、農作物栽培高度化施設の基準を満たすことを確認するために必要な次の資料を添付させるものとする。

ア　農作物の栽培の時期、生産量、販売量及び届出に係る施設の設置に関する資金計画その他当該施設で行う事業の概要を明らかにする事項について記載した営農に関する計画

イ　次に掲げる要件の全てを満たすことを証する書面

(ア)　届出に係る施設における農作物の栽培が行われていない場合その他栽培が適正に行われていないと認められる場合には、当該施設の改築その他の適切な是正措置を講ずることについて同意したこと。

(イ)　周辺の農地に係る日照に影響を及ぼす場合、届出に係る施設から生ずる排水の放流先の機能に支障を及ぼす場合その他周辺の農地に係る営農条件に支障が生じた場合には、適切な是正措置を講ずることについて同意したこと。

ウ　届出に係る土地を所有権以外の権原に基づいて高度化施設用地にしようとする場合、当該土地の所有権を有する者が施設の設置について同意したことを証する書面

③　農作物栽培高度化施設について賃貸借が行われる場合、当該施設の賃借人は、その敷地に関する使用権を有することとなるため、法第３条第１項の許可申請が必要となる。

(2)　法第４条及び第５条関係

①　高度化施設用地について、法第４条又は第５条の農地を農地以外のものにする行為の対象となるのは、次に該当する場合である。

ア　高度化施設用地を農地（高度化施設用地を除く）又は高度化施設用地以外の用に供する場合

例えば、次の場合がこれに該当する。

(ア)　農作物栽培高度化施設を撤去し、住宅や工場などの施設を設置する場合

(イ)　農作物栽培高度化施設の内部を倉庫や飲食店などとして利用する場合

イ　高度化施設用地において農作物の栽培の用に供されないことが確実となった場合として、次に該当する場合

(ア)　法第44条の規定に基づく勧告で定める相当の期限を経過してもなお当該施設において農作物の栽培が行われない場合

(イ)　当該施設の所有者等が、法第44条の規定に基づく勧告で定める相当の期限を経過するよりも前に、当該施設において農作物の栽培を行わない意思を示した場合

(ウ)　法第32条第３項に規定される公示から６月を経過してもなお当該施設の所有者等が農業委員会に申し出ない場合

(エ)　農地所有適格法人が農地所有適格法人でなくなった場合において、国が当該法人の農作物の栽培の用に供されている高度化施設用地を買収するため、農業委員会が法第７条第２項の規定による公示を行った場合

②　高度化施設用地を農作物の栽培以外の用に供する場合には、それが一時的なものである場合であっても、農地を農地以外のものにすることとなるため、法第４条第１項の許可又は第５条第１項の許可が必要となる。

③　法第43条第１項の届出を行い農業委員会に受理された後、則第88条の３の基準を満たしていない施設を設置しようとする場合には、法第４条第１項の許可又は第５条第１項の許可が必要となる。

④　農業委員会は、高度化施設用地が、法第４条第１項又は第５条第１項の許可を得ずに①のいずれかに該当した場合には、同項の規定に違反するものとして、都道府県又は指定市町村の農地転用担当部局に報告すること。

(3)　法第６条、第７条及び第14条関係

国は、高度化施設用地について、法第7条第2項に基づく公示を行った場合には、買収後、農作物栽培高度化施設も含めて売り渡す見込みがある場合を除き、撤去して農地（高度化施設用地を除く。）に復元する原状回復命令を行うよう、都道府県又は指定市町村の農地転用担当部局に求めるものとする。

(4) 法第51条及び第52条の4関係

① 都道府県知事等は、農作物栽培高度化施設で農作物の栽培が行われておらず、農業委員会から高度化施設用地が違反転用に該当する旨の報告があった場合、他の違反転用の事案と同様に行うこと。

② 都道府県知事等は、高度化施設用地が違反転用に該当する旨の報告があった場合には、農作物栽培高度化施設に係る届出や当該施設に対する遊休農地に関する措置等、現在までに行った取組を農業委員会に聞き取り、これを整理した台帳を都道府県等の行政文書に関するルールに従って作成・保存し、違反転用に係る是正措置に資するものとする。

③ 農業委員会は、違反転用者等から都道府県知事等による処分又は命令の履行を完了した旨の届出があったときにおいて、再び農作物栽培高度化施設となる事案については、当該施設となる基準を農業委員会が確認した上で、都道府県知事等に報告する。

4 その他留意事項

法第43条第1項の規定による届出を行って農作物栽培高度化施設を設置した後に当該施設の増改築又は建て替えを行う場合には、法第43条第1項の規定による届出を再び行う必要がある。

なお、農業経営基盤強化促進法等の一部を改正する法律(平成30年法律第23号。以下「改正法」という。）の施行の日より前に設置された農作物の栽培を行う施設の用に供される土地のうち、次の(1)の基準の全てを満たすものについては、次の(2)に基づき取り扱うものとする。

(1) 届出の対象となる施設の基準について

① 届出の時点において、農用地区域（農業振興地域の整備に関する法律第8条第2項第1号に規定する農用地区域をいう。）内にある土地に設置されていること。

② 農業委員会において、当該施設の用に供されている土地について、改正法の施行の日より前に法第4条第1項の許可又は第5条第1項の許可を得て並びに法第4条第1項ただし書き又は第5条第1項ただし書きの規定に該当して農地を農地以外のものにされたことが、次のアからウまでのいずれかの書類で確認できること。

ア 農地転用許可に係る許可権者の決裁文書

イ 農地転用許可書の写し

ウ ア又はイに準ずる文書

③ 農業経営改善計画又は青年等就農計画において、当該施設で農作物の栽培を行わなくなった場合に施設を撤去し、農地の状態に回復する意向がある旨の記載があること。

④ 則第88条の3に規定する農作物栽培高度化施設の基準を満たしていること。

(2) 法第43条第1項による届出の取扱い及び法の規定を適用する際の留意事項について

① 農業委員会は、法第43条第1項の規定に基づく届出があった場合には、2の(2)に準じて取り扱うものとする。

② 農業委員会は、(1)の②の確認に当たっては、必要に応じ、当該届出を行った者に対し、同イ及びウに関する文書の提出を求めることができる。また、農業委員会が保有する書類で確認することができない場合には、都道府県又は指定市町村の農地転用担当部局に対して、同アからウまでの書類の提供を受けること等により、改正法の施行の日より前に届出に係る土地について行われた農地の転用の許可の有無を確認する。

③ 農業委員会は、2の(2)の届出を受理した旨を通知する場合には、当該届出に係る土地の登記簿上の地目を高度化施設用地としての地目（田又は畑）に変更することが望ましい旨を併せて周知する。なお、当該届出を受理した旨を通知する書面には、届出を受理した後の高度化施設用地としての地目（田又は畑）を記載する。

④ 高度化施設用地の登記手続きを適切に行う観点から、農業委員会は、2の(2)の届出を受理した旨を通知した場合には、速やかに、その旨を農林水産省経営局経

由で法務省民事局に連絡する。

⑤　①の届出に係る法の規定の適用は、3を準用する。

第15　法第51条及び第52条の4関係

1　法第51条第1項の規定による処分の基準

都道府県知事等は、法第51条第1項の規定により、違反転用に対する処分を行うに当たっては、法令の定めによるほか、次によるものとする。

なお、都道府県知事等は、農作物栽培高度化施設において農作物の栽培が行われないことが確実となった場合で、農業委員会から高度化施設用地が違反転用に該当する旨の報告があったときには、他の違反転用の事案と同様に処分を行うものとする。

(1)　農地転用許可及び高度化施設用地の記録の整理及び保存

都道府県知事等は、法第4条第1項若しくは第5条第1項の規定による許可又は農業委員会から高度化施設用地が違反転用に該当する旨の報告があった場合には、次のように記録を整理・保存するものとする。

①　事案ごとに、その概要を整理した台帳を作成・保存し、工事の進捗状況の把握及び事業計画に従った事業執行についての催告等に資するものとする。

②　高度化施設用地が違反転用に該当する事案にあっては、農作物栽培高度化施設に係る則第88条の2の規定に基づく届出、当該農作物栽培高度化施設に対する法第4章の遊休農地に関する措置又は法第44条の規定に基づく勧告等、現在までに行った取組を農業委員会から聴取し、これを整理した台帳を作成・保存し、違反転用を是正するための必要な措置に資するものとする。

(2)　農業委員会からの報告の徴収

都道府県知事等は、違反転用の事実を知り、又はその疑いがあると認められる場合は、法第50条の規定に基づき、必要に応じ農業委員会に対して土地の状況その他違反転用に係る事情等の調査及び報告を求めるものとする。

(3)　違反転用者等に対する勧告

都道府県知事等は、違反転用事案があった場合には、法第51条第1項の規定による処分を行う前に、違反転用者等に対し工事その他の行為の停止等を書面により勧告するものとする。また、勧告を行った場合には、当該勧告に係る農地の所在する市町村の区域を管轄する農業委員会にその旨を通知するものとする。

(4)　処分に当たっての考慮事項

都道府県知事等は、法第51条第1項の規定による処分を行うに当たっては、違反転用事案の内容及び違反転用者等からの聴聞又は弁明の内容を検討するとともに、当該違反転用事案に係る土地の現況、その土地の周辺における土地の利用の状況、違反転用により農地及び採草放牧地以外のものになった後においてその土地に関し形成された法律関係、農地及び採草放牧地以外のものになった後の転得者が詐偽その他不正の手段により許可を受けた者からその情を知ってその土地を取得したかどうか、過去に違反転用を行ったことがあるかどうか、是正勧告を受けてもこれに従わないと思われるかどうか等の事情を総合的に考慮して処分の内容を決定するものとする。

(5)　農業委員会に対する通知等

都道府県知事等は、法第51条第1項の規定による処分を行った場合には、その旨をこれらの処分に係る農地の所在する市町村の区域を管轄する農業委員会に通知するとともに、その履行状況等につき法第50条の規定により当該農業委員会に報告を求めるものとする。

2　法第51条第3項の規定による処分の基準

都道府県知事等は、法第51条第3項の規定による処分を行うに当たっては、法令の定めによるほか、行政代執行法（昭和23年法律第43号）第4条の規定の例により、当該処分のために現場に派遣される執行責任者に対し、本人であることを示す証明書を携帯させ、要求があるときは、いつでもこれを提示させるものとする。

3　法第52条の4の規定による要請

農業委員会は、1に規定する違反転用に係る都道府県知事等の事務の処理状況を考慮して、必要があると認めるときは、法第52条の4の規定により、都道府県知事（指定市町村の区域内にあっては、指定市町村の長。以下この3において同じ。）に対し、法第51条第1項の規定による命令その他必要な措置を講ずべきことを要請するものとする。

また、要請は、都道府県知事が講ずべき措置の内容を示して行うことが望ましい。

第16　法第63条の２関係

この法律の運用に当たっては、我が国農業は、家族経営及び農地所有適格法人による経営等を中心とする耕作者が農地に関する権利を有することが基本的な構造であり、これらの耕作者と農地が農村社会の基盤を構成する必要不可欠な要素であることを十分認識することが重要である。

このため、法第63条の２において、運用上の配慮規定が設けられているところである。

なお、農地制度の運用については、平成21年の農地法等の一部を改正する法律の国会審議の際、衆・参両院で附帯決議がなされている。

「農地法の運用について」の制定について（抄）

（平成21年12月11日付け21経営第4530号・21農振第1598号
農林水産省経営局長・農村振興局長連名通知
最終改正：令和2年4月1日元経営第3260号・元農振第3698号）

第171回国会において成立した農地法等の一部を改正する法律（平成21年法律第57号）については、農地法施行令等の一部を改正する政令（平成21年政令第285号）及び農地法施行規則等の一部を改正する省令（平成21年農林水産省令第64号）と併せて、平成21年12月15日から施行されることとなった。

これらの法令の適切な運用を図るためには、地方公共団体が、法律又はこれに基づく政令に定められた法定受託事務を適切に実施するだけでなく、自治事務についても積極的な取組を行うことが期待されるところである。

このため、これらの法令の改正内容及び従来の通知の規定内容を踏まえ、各都道府県等の行う事務の適正かつ円滑な運用が図られるよう、地方自治法（昭和22年法律第67号）第245条の４第１項の規定に基づき、国の考え方、事務処理上の留意点等を示す技術的助言として、別添「農地法の運用について」を制定し、平成21年12月15日から施行することとしたので、御了知の上、貴傘下団体に周知徹底を図る等遺憾のないように措置されたい。

なお、法定受託事務については、別途処理基準として通知するので、念のため申し添える。

別添

農地法の運用について

第２　農地又は採草放牧地の転用

１　法第４条第６項関係

農地を農地以外のものにする者が、法第４条第１項の都道府県知事又は指定市町村（同項に規定する指定市町村をいう。以下同じ。）の長（以下「都道府県知事等」という。）の許可を受けようとする場合には、都道府県知事等は、次の⑴及び⑵の基準に基づき、当該許可の可否を判断することとされている。

なお、「農地を農地以外のものにする者」とは、およそ農地を農地以外のものにする事実行為をなす全ての者をいう。

また、法附則第２項第１号に規定する農林水産大臣に対する協議を要する場合（３に係る同項第２号の場合を含む。）における「同一の事業の目的に供するため４ヘクタールを超える農地を農地以外のものにする行為」とは、同一の事業主体が一連の事業計画の下に転用しようとするときの農地の面積が４ヘクタールを超える行為をいう。

⑴　営農条件等からみた農地の区分に応じた許可基準（以下「立地基準」という。法第４条第６項第１号及び第２号）

申請に係る農地を、その営農条件及び周辺の市街地化の状況からみて区分し、許可の可否を判断することとされている。

具体的な農地の区分及び当該区分における許可の可否の基準は、以下のとおりである。

ア　農用地区域内にある農地（法第４条第６項第１号イ）

㋐　要件

法第４条第６項第１号イに掲げる農地は、農振法第８条第１項の規定により市町村が定める農業振興地域整備計画において、農用地等として利用すべき土地として定められた土地の区域（以下「農用地区域」という。同条第２項第１号）内にある農地である。

㋑　許可の基準

農用地区域内にある農地の転用は、原則として、許可をすることができない。これは、市町村の定める農業振興地域整備計画において、農用地区域が農用地等として利用すべき土地の区域として位置付けられていることによる。

ただし、農地の転用行為が次のいずれかに該当する場合には、例外的に許可をすることができる。

a　土地収用法（昭和26年法律第219号）第26条第１項の規定による告示（他の法律の規定による告示又は公告で同項の規定による告示とみなされるものを含む。以下同じ。）に係る事業の用に供するために行われるものであること（法第４条第６項ただし書）。

b　農振法第８条第４項に規定する農用地利用計画において指定された用途に供するために行われるものであること（法第４条第６項ただし書）。

c　次の全てに該当するものであること（農地法施行令（昭和27年政令第445号。以下「令」という。）第４条第１項第１号）。

(a)　申請に係る農地を仮設工作物の設置その他の一時的な利用に供するために行うものであって、当該利用の目的を達成する上で当該農地を供することが必要であると認められるものであること。

「一時的な利用」の期間は、当該一時的な利用の目的を達成することができる必要最小限の期間をいい、農振法第８条第１項又は第９条第１項の規定により定められた農業振興地域整備計画の達成に支障を及ぼすことのないことを担保する観点からは、３年以内の期間であれば「一時的な利用」に該当すると判断される。

また、「当該利用の目的を達成する上で当該農地を供することが必要であると認められる」とは、用地選定の任意性（他の土地での代替可能性）がないか、又はこれを要求することが不適当と認められる場合であって、具体的には、イの(ｲ)のａ又はｃからｈまでのいずれかに該当するものが対象となり得る。

特に、砂利の採取を目的とする一時転用については、次に掲げる事項の全てに該当する必要があると考えられる。

ⅰ　砂利採取業者が砂利の採取後直ちに採取跡地の埋戻し及び廃土の処理を行うことにより、転用期間内に確実に当該農地を復元することを担保するため、次のいずれかの措置が講じられていること。

(ⅰ)　砂利採取法（昭和43年法律第74号）第16条の規定により都道府県知事の認可を受けた採取計画（以下「採取計画」という。）が当該砂利採取業者と砂利採取業者で構成する法人格を有する団体（その連合会を含む。）との連名で策定されており、かつ、当該砂利採取業者及び当該団体が採取跡地の埋戻し及び農地の復元について共同責任を負っていること。

(ⅱ)　当該農地の所有者、砂利採取業者並びに採取跡地の埋戻し及び農地の復元の履行を保証する資力及び信用を有する者（以下「保証人」という。）の三者間の契約において、次に掲げる事項が定められていること。

①　当該砂利採取業者が採取計画に従って採取跡地の埋戻し及び農地の復元を行わないときには、保証人がこれらの行為を当該砂利採取業者に代わって行うこと。

②　当該砂利採取業者が適当な第三者機関に採取跡地の埋戻し及び農地の復元を担保するのに必要な金額の金銭等を預託すること。

③　保証人が当該砂利採取業者に代わって採取跡地の埋戻し及び農地の復元を行ったときには、②の金銭等をその費用に充当することができること。

ⅱ　砂利採取業者の農地の復元に関する計画が、当該農地及び周辺の農地の農業上の効率的な利用を確保する見地からみて適当であると認められるものであること。また、当該農地について土地改良法（昭和24年法律第195号）第２条第２項に規定する土地改良事業の施行が計画されている場合においては、当該土地改良事業の計画と農地の復元に関する計画との調整が行われていること。

(b) 農振法第８条第１項又は第９条第１項の規定により定められた農業振興地域整備計画の達成に支障を及ぼすおそれがないと認められるものであること。

「農業振興地域整備計画の達成に支障を及ぼす場合」とは、例えば、転用行為の時期、位置等からみて農業振興地域整備計画に位置付けられた土地改良事業等の土地基盤整備事業の施行の妨げとなる場合のほか、農地転用許可をすることができない工場、住宅団地等の建設ための地質調査を目的として一時転用を行う場合等が想定される。

イ　良好な営農条件を備えている農地（第１種農地。法第４条第６項第１号ロ）

(ア) 要件

法第４条第６項第１号ロに掲げる農地のうち市街化調整区域内にある令第６条に規定する農地（以下「甲種農地」という。）以外のもの（以下「第１種農地」という。）は、農用地区域内にある農地以外の農地であって、良好な営農条件を備えている農地として次に掲げる要件に該当するものである。

ただし、申請に係る農地が第１種農地の要件に該当する場合であっても、法第４条第６項第１号ロ(1)に掲げる農地（以下「第３種農地」という。）の要件又は同号ロ(2)に掲げる農地（甲種農地、第１種農地又は第３種農地のいずれの要件にも該当しない農地と併せ、以下「第２種農地」という。）の要件に該当するものは、第１種農地ではなく、第２種農地又は第３種農地として区分される（法第４条第６項第１号ロ括弧書）。

a　おおむね10ヘクタール以上の規模の一団の農地の区域内にある農地（令第５条第１号）

「一団の農地」とは、山林、宅地、河川、高速自動車道等農業機械が横断することができない土地により囲まれた集団的に存在する農地をいう。

なお、農業用道路、農業用用排水施設、防風林等により分断されている場合や、農作物栽培高度化施設又は農業用施設（農作物栽培高度化施設を除く。以下同じ。）その他の施設が点在している場合であっても、実際に、農業機械が容易に横断し又は迂回することができ、一体として利用することに支障があると認められない場合には、一団の農地として取り扱うことが適当と考えられる。

また、傾斜、土性その他の自然的条件からみて効率的な営農を行うことができず、一体として利用することに支障があると認められる場合には、一団の農地として取り扱わないことが適当と考えられる。

b　土地改良法第２条第２項に規定する土地改良事業又はこれに準ずる事業で、次の(a)及び(b)の要件を満たす事業（以下「特定土地改良事業等」という。）の施行に係る区域内にある農地（令第５条第２号）

「施行に係る区域」には、特定土地改良事業等の工事を完了した区域だけでなく、特定土地改良事業等を実施中である区域を含むが、特定土地改良事業等の調査計画の段階であるものは含まない。

(a) 次のいずれかに該当する事業（主として農地又は採草放牧地の災害を防止することを目的とするものを除く。）であること（農地法施行規則（昭和27年農林省令第79号。以下「則」という。）第40条第１号）。

i　農業用用排水施設の新設又は変更

ii　区画整理

iii　農地又は採草放牧地の造成

（昭和35年度以前の年度にその工事に着手した開墾建設工事を除く。）

「昭和35年度以前の年度にその工事に着手した開墾建設工事」には、旧制度開拓として実施された開拓事業が該当する。

iv　埋立て又は干拓

v　客土、暗きょ排水その他の農地又は採草放牧地の改良又は保全のため必要な事業

(b)　次のいずれかに該当する事業であること（則第40条第２号）。

i　国又は地方公共団体が行う事業

ii　国又は地方公共団体が直接又は間接に経費の全部又は一部につき補助その他の助成を行う事業

iii　農業改良資金融通法（昭和31年法律第102号）に基づき株式会社日本政策金融公庫又は沖縄振興開発金融公庫から資金の貸付けを受けて行う事業

iv　株式会社日本政策金融公庫から資金の貸付けを受けて行う事業（iiiに掲げる事業を除く。）

c　傾斜、土性その他の自然的条件からみてその近傍の標準的な農地を超える生産をあげることができると認められる農地（令第５条第３号）

(イ)　許可の基準

第１種農地の転用は、原則として、許可をすることができない。ただし、転用行為が次のいずれかに該当する場合には、例外的に許可をすることができる。

a　土地収用法第26条第１項の規定による告示に係る事業の用に供するために行われるものであること（法第４条第６項ただし書）。

b　申請に係る農地を仮設工作物の設置その他の一時的な利用に供するために行うものであって、当該利用の目的を達成する上で当該農地を供することが必要であると認められるものであること（令第４条第１項第２号柱書、同項第１号イ）。

なお、砂利の採取を目的とする一時転用については、アの(イ)のｃの(a)のｉ及びiiに掲げる事項の全てに該当する必要があると考えられる。

c　申請に係る農地を農業用施設、農畜産物処理加工施設、農畜産物販売施設その他地域の農業の振興に資する施設として次に掲げるもの（(b)から(e)までに掲げる施設にあっては、第１種農地及び甲種農地以外の周辺の土地に設置することによってはその目的を達成することができないと認められるものに限る。）の用に供するために行われるものであること（令第４条第１項第２号イ、則第33条）。

「第１種農地及び甲種農地以外の周辺の土地に設置することによってはその目的を達成することができないと認められる」か否かの判断については、①当該申請に係る事業目的、事業面積、立地場所等を勘案し、申請地の周辺に当該事業目的を達成することが可能な農地以外の土地、第２種農地や第３種農地があるか否か、②その土地を申請者が転用許可申請に係る事業目的に使用することが可能か否か等により行う。

また、耕作の事業を行う者がその農地をその者の耕作又は養畜の事業のための農業用施設（農業生産活動に必要不可欠となる畜舎、温室、種苗貯蔵施設、農機具収納施設、農業用倉庫等に限る。）の用に供する場合であって、当該農業用施設の規模が２アール未満であるときには、農地転用の許可を要しないこととしている。この場合において、駐車場、トイレ、更衣室、事務所等であって耕作又は養畜の事業のために必要不可欠なものについても、その規模が２アール未満であれば、農地転用の許可を要しないものに含まれる。

(a)　農業用施設、農畜産物処理加工施設及び農畜産物販売施設

i　農業用施設には、次の施設が該当する。

(i)　農業用道路、農業用用排水路、防風林等農地等の保全又は利用の増進上必要な施設

(ii) 畜舎、温室、植物工場（閉鎖された空間において生育環境を制御して農産物を安定的に生産する施設をいう。）、農産物集出荷施設、農産物貯蔵施設等農畜産物の生産、集荷、調製、貯蔵又は出荷の用に供する施設

(iii) 堆肥舎、種苗貯蔵施設、農機具格納庫等農業生産資材の貯蔵又は保管の用に供する施設

(iv) 廃棄された農産物又は廃棄された農業生産資材の処理の用に供する農業廃棄物処理施設

ii 農畜産物処理加工施設には、その地域で生産される農畜産物（主として、当該施設を設置する者が生産する農畜産物又は当該施設が設置される市町村及びその近隣の市町村の区域内において生産される農畜産物をいう。iiiにおいて同じ。）を原料として処理又は加工を行う、精米所、果汁（びん詰、缶詰）製造工場、漬物製造施設、野菜加工施設、製茶施設、い草加工施設、食肉処理加工施設等が該当する。

iii 農畜産物販売施設には、その地域で生産される農畜産物（当該農畜産物が処理又は加工されたものを含む。）の販売を行う施設で、農業者自ら設置する施設のほか、農業者の団体、iiの処理又は加工を行う者等が設置する地域特産物販売施設等が該当する。

iv 耕作又は養畜の事業のために必要不可欠な駐車場、トイレ、更衣室、事務所等については、農業用施設に該当する。

また、農業用施設、農畜産物処理加工施設又は農畜産物販売施設（以下iv及びvにおいて「農業用施設等」という。）の管理又は利用のために必要不可欠な駐車場、トイレ、更衣室、事務所等については、当該施設等と一体的に設置される場合には、農業用施設等に該当する。

v 農業用施設等に附帯して太陽光発電設備等を農地に設置する場合、当該設備等が次に掲げる事項の全てに該当するときには、農業用施設に該当する。

(i) 当該農業用施設等と一体的に設置されること。

(ii) 発電した電気は、当該農業用施設等に直接供給すること。

(iii) 発電能力が、当該農業用施設等の瞬間的な最大消費電力を超えないこと。ただし、当該農業用施設等の床面積を超えない規模であること。

(b) 都市住民の農業の体験その他の都市等との地域間交流を図るために設置される施設

「都市等との地域間交流を図るために設置される施設」とは、農業体験施設や農家レストランなど都市住民の農村への来訪を促すことにより地域を活性化したり、都市住民の農業・農村に対する理解を深める等の効果を発揮することを通じて、地域の農業に資するものをいう。

(c) 農業従事者の就業機会の増大に寄与する施設

「農業従事者」には、農業従事者の世帯員も含まれる。

また、「就業機会の増大に寄与する」か否かは、当該施設において新たに雇用されることとなる者に占める農業従事者の割合を目安として判断することとし、当該割合がおおむね３割以上であれば、これに該当すると判断するものとする。ただし、人口減少、高齢化の進行等により、雇用可能な農業従事者の数が十分でないことその他の特別の事情がある場合には、このような事情を踏まえて都道府県知事等が設定した基準（以下この(c)において「特別基準」という。）により判断して差し支えない。

この点、当該施設の用に供するために行われる農地転用に係る許可の申請を受けた際には、申請書に雇用計画及び申請者と地元自治体との雇用協定を添付することを求めた上で、農業従事者の雇用の確実性の判断を行うことが適当と考えられる。

なお、雇用計画については、当該施設において新たに雇用されることとなる者の数、地元自治体における農業従事者の数及び農業従事の実態等を踏まえ、当該施設において新たに雇用されることとなる者に占める農業従事者の割合がおおむね３割以上となること（特別基準が設定されている場合にあっては、当該特別基準を満たすこと）が確実であると判断される内容のものであることが適当と考えられる。

また、雇用協定においては、当該施設において新たに雇用された農業従事者（当該施設において新たに雇用されたことを契機に農業に従事しなくなった者を含む。以下この(c)において同じ。）の雇用実績を毎年地元自治体に報告し、当該施設において新たに雇用された者に占める農業従事者の割合がおおむね３割以上となっていない場合（特別基準が設定されている場合にあっては、当該特別基準を満たしていない場合）にこれを是正するために講ずべき措置を併せて定めることが適当と考えられる。この講ずべき措置の具体的な内容としては、例えば、被雇用者の年齢条件を緩和した上で再度募集をすること、近隣自治体にまで範囲を広げて再度募集すること等が想定される。

(d) 農業従事者の良好な生活環境を確保するための施設

「農業従事者の良好な生活環境を確保するための施設」とは、農業従事者の生活環境を改善するだけでなく、地域全体の活性化等を図ることにより、地域の農業の振興に資するものであり、農業従事者個人の住宅等特定の者が利用するものは含まれない。

(e) 住宅その他申請に係る土地の周辺の地域において居住する者の日常生活上又は業務上必要な施設で集落に接続して設置されるもの

「集落」とは、相当数の家屋が連たんして集合している区域をいう。ただし、農村地域においては、様々な集落の形態があるところ、必ずしも全ての家屋の敷地が連続していなくとも、一定の連続した家屋を中心として、一定の区域に家屋が集合している場合には、一つの集落として取り扱って差し支えない。

また、「集落に接続して」とは、既存の集落と間隔を置かないで接する状態をいう。この場合、申請地と集落の間に農地が介在する場合であっても、集落周辺の農地の利用状況等を踏まえ、周辺の土地の農業上の利用に支障がないと認められる次に掲げる事項の全てに該当する場合には、集落に接続していると判断しても差し支えない。

ⅰ　申請に係る農地の位置からみて、集団的に存在する農地を蚕食し、又は分断するおそれがないと認められること。

ⅱ　集落の周辺の農地の利用状況等を勘案して、既存の集落と申請に係る農地の距離が最小限と認められること。

d　申請に係る農地を市街地に設置することが困難又は不適当なものとして次に掲げる施設の用に供するために行われるものであること（令第４条第１項第２号ロ、則第34条）。

(a) 病院、療養所その他の医療事業の用に供する施設でその目的を達成する上で市街地以外の地域に設置する必要があるもの

(b) 火薬庫又は火薬類の製造施設

(c) その他(a)又は(b)に掲げる施設に類する施設

具体的には、悪臭、騒音、廃煙

等のため市街地の居住性を悪化させるおそれのある施設をいい、ごみ焼却場、下水又は糞尿等処理場等の施設が該当する。

e　申請に係る農地を特別の立地条件を必要とする次のいずれかに該当するものに関する事業の用に供するために行われるものであること（令第４条第１項第２号ハ、則第35条）。

(a)　調査研究（その目的を達成する上で申請に係る土地をその用に供することが必要であるものに限る。）

(b)　土石その他の資源の採取

(c)　水産動植物の養殖用施設その他これに類するもの

「水産動植物の養殖用施設」については、水辺に設置される必要があるため特別の立地条件を必要とするものとして転用の許可をすることができることとするものであり、「これに類するもの」には、水産ふ化場等が該当する。

(d)　流通業務施設、休憩所、給油所その他これらに類する施設で、次に掲げる区域内に設置されるもの

「休憩所」とは、自動車の運転者が休憩のため利用することができる施設であって、駐車場及びトイレを備え、休憩のための座席等を有する空間を当該施設の内部に備えているもの（宿泊施設を除く。）をいう。したがって、駐車場及びトイレを備えているだけの施設は、「休憩所」に該当しない。

また、「これらに類する施設」には、車両の通行上必要な施設として、自動車修理工場、食堂等の施設が該当する。

なお、コンビニエンスストア及びその駐車場については、主要な道路の沿道において周辺に自動車の運転者が休憩のため利用することができる施設が少ない場合には、駐車場及びトイレを備え、休憩のための座席等を有する空間を備えているコンビニエンスストア及びその駐車場が自動車の運転者の休憩所と同様の役割を果たしていることを踏まえ、当該施設は、「これらに類する施設」に該当するものとして取り扱って差し支えない。

i　一般国道又は都道府県道の沿道の区域

ii　高速自動車国道その他の自動車のみの交通の用に供する道路（高架の道路その他の道路であって自動車の沿道への出入りができない構造のものに限る。）の出入口の周囲おおむね300メートル以内の区域

「高速自動車国道その他の自動車のみの交通の用に供する道路（高架の道路その他の道路であって自動車の沿道への出入りができない構造のものに限る。）の出入口」とは、いわゆるインターチェンジをいう。

(e)　既存の施設の拡張（拡張に係る部分の敷地の面積が既存の施設の敷地の面積の２分の１を超えないものに限る。）

「既存の施設の拡張」とは、既存の施設の機能の維持・拡充等のため、既存の施設に隣接する土地に施設を整備することをいう。

(f)　第１種農地に係る法第４条第１項若しくは第５条第１項の許可又は法第４条第１項第８号若しくは第５条第１項第７号の届出に係る事業のために欠くことのできない通路、橋、鉄道、軌道、索道、電線路、水路その他の施設

f　申請に係る農地をこれに隣接する土地と一体として同一の事業の目的に供するために行うものであって、当該事業の目的を達成する上で当該農地を供することが必要であると認められるものであること。ただし、申請に係る事業の目的に供すべき土地の面積に占める申請に係る第１種農地の面積の割合が３分の１を超えず、かつ、申請に係る事業の目的に供すべき土地の面積に占める申請に係る甲種農地の面積の割合が５分の１を超えないものでなければならない（令第４条第１項第２号ニ、則第

36条）。

g　申請に係る農地を公益性が高いと認められる事業で次のいずれかに該当するものに関する事業の用に供するために行われるものであること（令第４条第１項第２号ホ、則第37条）。

(a)　土地収用法その他の法律により土地を収用し、又は使用することができる事業（太陽光を電気に変換する設備に関するものを除く。）

(b)　森林法（昭和26年法律第249号）第25条第１項各号に掲げる目的を達成するために行われる森林の造成

(c)　地すべり等防止法（昭和33年法律第30号）第24条第１項に規定する関連事業計画若しくは急傾斜地の崩壊による災害の防止に関する法律（昭和44年法律第57号）第９条第３項の規定による勧告に基づき行われる家屋の移転その他の措置又は同法第10条第１項若しくは第２項の規定による命令に基づき行われる急傾斜地崩壊防止工事

(d)　非常災害のために必要な応急処置

(e)　土地改良法第７条第４項（国立研究開発法人森林研究・整備機構法（平成11年法律第198号）附則第８条第３項の規定によりなおその効力を有することとされた旧独立行政法人緑資源機構法（平成14年法律第130号。以下単に「旧独立行政法人緑資源機構法」という。）第15条第６項又は国立研究開発法人森林研究・整備機構法附則第10条第３項の規定によりなおその効力を有することとされた旧農用地整備公団法（昭和49年法律第43号。以下単に「旧農用地整備公団法」という。）第21条第６項において準用する場合を含む。）に規定する非農用地区域（以下単に「非農用地区域」という。）と定められた区域内にある土地を当該非農用地区域に係る土地改良法第７条第１項の土地改良事業計画（以下単に「土地改良事業計画」という。）、旧独立行政法人緑資源機構法第15条第１項の特定地域整備事業実施計画（以下単に「特定地域整備事業実施計画」という。）又は旧農用地整備公団法第21条第１項の農用地整備事業実施計画（以下単に「農用地整備事業実施計画」という。）に定められた用途に供する行為

(f)　工場立地法（昭和34年法律第24号）第３条第１項の工場立地調査簿に工場適地として記載された土地の区域（農業上の土地利用との調整が調ったものに限る。）内において行われる工場又は事業場の設置

「農業上の土地利用との調整」は、別に農村振興局長が定めるところにより行う。

(g)　独立行政法人中小企業基盤整備機構が実施する独立行政法人中小企業基盤整備機構法（平成14年法律第147号）附則第５条第１項第１号に掲げる業務（農業上の土地利用との調整が調った土地の区域内において行われるものに限る。）

「農業上の土地利用との調整」は、別に農村振興局長が定めるところにより行う。

(h)　集落地域整備法（昭和62年法律第63号）第５条第１項の集落地区計画の定められた区域（農業上の土地利用との調整が調ったもので、集落地区整備計画（同条第３項に規定する集落地区整備計画をいう。以下同じ。）が定められたものに限る。）内において行われる同項に規定する集落地区施設及び建築物等の整備

「農業上の土地利用との調整」は、別に農村振興局長が定めるところにより行う。

(i)　優良田園住宅の建設の促進に関する法律（平成10年法律第41号）第４条第１項の認定を受けた同項に規定する優良田園住宅建設計画（同条第４項及び第５項の規定による協議が調ったものに限る。）に従って行われる同法第２条に規

定する優良田園住宅の建設

(j) 農用地の土壌の汚染防止等に関する法律（昭和45年法律第139号）第３条第１項の農用地土壌汚染対策地域（以下単に「農用地土壌汚染対策地域」という。）として指定された地域内にある農用地（同法第２条第１項に規定する農用地をいう。以下(j)及び(2)のアの(ク)のｔにおいて同じ。）（同法第５条第１項の農用地土壌汚染対策計画において農用地として利用すべき土地の区域として区分された土地の区域内にある農用地を除く。(2)のアの(ク)のｔにおいて同じ。）その他の農用地の土壌の同法第２条第３項に規定する特定有害物質（以下単に「特定有害物質」という。）による汚染に起因して当該農用地で生産された農畜産物の流通が著しく困難であり、かつ、当該農用地の周辺の土地の利用状況からみて農用地以外の土地として利用することが適当であると認められる農用地の利用の合理化に資する事業

(k) 東日本大震災復興特別区域法（平成23年法律第122号）第46条第２項第４号に規定する復興整備事業であって、次に掲げる要件に該当するもの

ⅰ 東日本大震災復興特別区域法第46条第１項第２号に掲げる地域をその区域とする市町村が作成する同項に規定する復興整備計画に係るものであること。

ⅱ 東日本大震災復興特別区域法第47条第１項に規定する復興整備協議会における協議が調ったものであること。

ⅲ 当該市町村の復興のため必要かつ適当であると認められること。

ⅳ 当該市町村の農業の健全な発展に支障を及ぼすおそれがないと認められること。

(l) 農林漁業の健全な発展と調和のとれた再生可能エネルギー電気の発電の促進に関する法律（平成25年法律第81号）第５条第１項に規定する基本計画に定められた同条第２項第２号に掲げる区域（農業上の土地利用との調整が調ったものに限る。）内において同法第７条第１項に規定する設備整備計画（当該設備整備計画のうち同条第２項第２号に掲げる事項について同法第６条第１項に規定する協議会における協議が調ったものであり、かつ、同法第７条第４項第１号に掲げる行為に係る当該設備整備計画についての協議が調ったものに限る。）に従って行われる同法第３条第２項に規定する再生可能エネルギー発電設備の整備

「農業上と土地利用との調整」は、「農林漁業の健全な発展と調和のとれた再生可能エネルギー電気の発電の促進による農山漁村の活性化に関する計画制度の運用に関するガイドラインについて」(平成26年５月30日付け26食産第974号・26農振第700号・26林政利第43号・26水港第1087号・20140530資第51号・環政計発第1405301号・環自総発第1405302号農林水産省食料産業局長・農村振興局長・林野庁長官・水産庁長官、経済産業省資源エネルギー庁長官、環境省総合環境政策局長・自然環境局長連名通知）第４の２(2)①ニに定めるところにより行う。

ｈ 地域整備法（令第４条第１項第２号へ(1)から(5)までに掲げる法律をいう。以下同じ。）の定めるところに従って行われる場合で令第４条第１項第２号へ(1)から(5)までのいずれかに該当するものその他地域の農業の振興に関する地方公共団体の計画に従って行われる場合で(a)に掲げる要件に該当するものであること。

「地域の農業の振興に関する地方公共団体の計画」とは、土地の農業上の効率的な利用を図るための措置が講じられているものとして(b)に掲げる計画に限られる（令第４条第１項第２号へ(6)、則第38条及び第39条）。

また、「地域整備法の定めるところに従って行われる場合」については、別に農村振興局長が定めるところにより、あらかじめ地域整備法による施設の整備と農業上の土地利用との調整を即地的に行う。

(a)　(b)に掲げる計画においてその種類、位置及び規模が定められている施設（農業振興地域の整備に関する法律施行規則（昭和44年農林省令第45号）第４条の５第１項第26号の２の計画にあっては、同号に規定する農用地等以外の用途に供することを予定する土地の区域内に設置されるものとして当該計画に定められている施設）を(b)に掲げる計画に従って整備するため行われるものであること。

(b)　農振法第８条第１項の規定により市町村が定める農業振興地域整備計画又は同計画に沿って当該計画に係る区域内の農地の効率的な利用を図る観点から市町村が策定する計画

ウ　市街化調整区域内にある特に良好な営農条件を備えている農地（甲種農地。令第６条）

(ア)　要件

甲種農地は、第１種農地の要件に該当する農地のうち市街化調整区域内にある特に良好な営農条件を備えている農地として次に掲げる要件に該当するものである。

a　おおむね10ヘクタール以上の規模の一団の農地の区域内にある農地のうち、その区画の面積、形状、傾斜及び土性が高性能農業機械（農作業の効率化又は農作業における身体の負担の軽減に資する程度が著しく高く、かつ、農業経営の改善に寄与する農業機械をいう。）による営農に適するものと認められること（令第６条第１号、則第41条）。

b　特定土地改良事業等の施行に係る区域内にある農地のうち、当該事業の工事が完了した年度の翌年度の初日から起算して８年を経過したもの以外のもの。ただし、特定土地改良事業等のうち、農地を開発すること又は農地の形質に変更を加えることによって当該農地を改良し、若しくは保全することを目的とする事業（いわゆる面的整備事業）で次に掲げる基準に適合するものの施行に係る区域内にあるものに限られる（令第６条第２号、則第42条）。

「工事が完了した年度」については、土地改良事業の工事の場合にあっては土地改良法第113条の３第２項又は第３項の規定による公告により、土地改良事業以外の事業の工事の場合にあっては事業実績報告等により確認することが適当と考えられる。

また、「施行に係る区域」には、特定土地改良事業等の工事を完了した区域だけでなく、特定土地改良事業等を実施中である区域を含むが、特定土地改良事業等の調査計画の段階であるものは含まない。

(a)　イの(ア)のｂの(a)のⅱからⅴまでに掲げる事業のいずれかに該当する事業であること。

(b)　次のいずれかに該当する事業であること。

ⅰ　国又は都道府県が行う事業

ⅱ　国又は都道府県が直接又は間接に経費の全部又は一部を補助する事業

(イ)　許可の基準

甲種農地の転用は、原則として、許可をすることができない。

ただし、転用行為が次のいずれかに該当する場合には、例外的に許可をすることができる。この場合、甲種農地が特に良好な営農条件を備えている農地であることにかんがみ、許可をすることができる場合は、第１種農地より更に限定される。

a　イの(イ)のａに該当する場合（法第４条第６項ただし書）

b　イの(イ)のｂに該当する場合（令第４条第１項第２号柱書、同項第１号イ）

c　イの(イ)のｃの(a)から(e)までに掲げる施設（同(b)から(e)までに掲げる施設にあっては、第１種農地及び甲種農地以外の周辺の土地に設置することによってはその目的を達成することができないと認められるものに限り、同(e)に掲げる施設にあっては、敷地面積がおおむね500平方メートルを超えないものに限る。）の用に供するため行われるものであること（令第４条第１項第２号イ、則第33条）。

「第１種農地及び甲種農地以外の周辺の土地に設置することによってはその目的を達成することができないと認められる」か否かの判断については、①当該申請に係る事業目的、事業面積、立地場所等を勘案し、申請地の周辺に当該事業目的を達成することが可能な農地以外の土地、第２種農地や第３種農地があるか否か、②その土地を申請者が転用許可申請に係る事業目的に使用することが可能か否か等により行う。

d　イの(ｲ)のｅの(a)から(e)までのいずれかに該当するものに関する事業の用に供するために行われるものであること（令第４条第１項第２号ハ、則第35条）。

e　イの(ｲ)のｆに該当する場合（令第４条第１項第２号ニ、則第36条）

f　イの(ｲ)のｇの(b)、(d)、(e)又は(h)から(j)までのいずれかに該当するものに関する事業の用に供するために行われるものであること（令第４条第１項第２号ホ、則第37条）。

g　イの(ｲ)のｈに該当する場合（令第４条第１項第２号へ、則第38条及び第39条）

エ　市街地の区域内又は市街地化の傾向が著しい区域内にある農地（第３種農地。法第４条第６項第１号ロ(1)）

(ｱ)　要件

第３種農地は、農用地区域内にある農地以外の農地のうち、市街地の区域内又は市街地化の傾向が著しい区域内にある農地で、次に掲げる区域内にあるものである（令第７条、則第43条及び第44条）。

なお、申請に係る農地が第３種農地の要件に該当する場合には、同時に第１種農地の要件に該当する場合であっても、第３種農地として区分される（法第４条第６項第１号ロ括弧書）。

a　道路、下水道その他の公共施設又は鉄道の駅その他の公益的施設の整備の状況が次に掲げる程度に達している区域

(a)　水管、下水道管又はガス管のうち２種類以上が埋設されている道路（幅員４メートル以上の道及び建築基準法（昭和25年法律第201号）第42条第２項の規定による指定を受けた道で現に一般交通の用に供されているものをいい、イの(ｲ)のｅの(d)のⅱに規定する道路及び農業用道路を除く。）の沿道の区域であって、容易にこれらの施設の便益を享受することができ、かつ、申請に係る農地又は採草放牧地からおおむね500メートル以内に２以上の教育施設、医療施設その他の公共施設又は公益的施設が存すること。

(b)　申請に係る農地又は採草放牧地からおおむね300メートル以内に次に掲げる施設のいずれかが存すること。

ⅰ　鉄道の駅、軌道の停車場又は船舶の発着場

ⅱ　イの(ｲ)のｅの(d)のⅱに規定する道路の出入口

ⅲ　都道府県庁、市役所、区役所又は町村役場（これらの支所を含む。）

ⅳ　その他ⅰからⅲまでに掲げる施設に類する施設

具体的には、自動車ターミナル法（昭和34年法律第136号）第２条第６項に規定するバスターミナル及び同条第７項に規定する専用バスターミナルが想定される。

b　宅地化の状況が次のいずれかに該当する程度に達している区域

(a)　住宅の用若しくは事業の用に供する施設又は公共施設若しくは公益的施設が連たんしていること。

(b)　街区（道路、鉄道若しくは軌道の線路その他の恒久的な施設又は河川、水路等によって区画された地域をいう。以下同じ。）の面積

に占める宅地の面積の割合が40パーセントを超えていること。

(c) 都市計画法（昭和43年法律第100号）第８条第１項第１号に規定する用途地域（以下単に「用途地域」という。）が定められていること（農業上の土地利用との調整が調ったものに限る。）。

「農業上の土地利用との調整」は、別に農村振興局長が定めるところにより行う。

なお、高度化施設用地に用途地域の指定又は変更がなされた場合には、当該指定又は変更がなされたことをもって農業上の土地利用との調整が調ったものとはならないことに留意する必要がある。

ｃ 土地区画整理法（昭和29年法律第119号）第２条第１項に規定する土地区画整理事業又はこれに準ずる事業として農林水産省令で定めるものの施行に係る区域

「これに準ずる事業」については、現時点では該当するものがないため、農林水産省令は定められていない。

(イ) 許可の基準

第３種農地の転用は、許可をすることができる。

オ エの区域に近接する区域その他市街地化が見込まれる区域内にある農地（第２種農地。法第４条第６項第１号ロ(2)）

(ア) 要件

第２種農地は、農用地区域内にある農地以外の農地のうち、エの区域に近接する区域その他市街地化が見込まれる区域内にある農地で、次に掲げる区域内にあるものである（令第８条、則第45条及び第46条）。

なお、申請に係る農地が第２種農地の要件に該当する場合は、同時に第１種農地の要件に該当する場合であっても、第２種農地として区分される（法第４条第６項第１号ロ括弧書）。

ａ 道路、下水道その他の公共施設又は鉄道の駅その他の公益的施設の整備の状況からみてエの(ア)のａに掲げる区域に該当するものとなることが見込まれる区域として次に掲げるもの

(a) 相当数の街区を形成している区域

(b) エの(ア)のａの(b)のⅰ、ⅲ又はⅳに掲げる施設の周囲おおむね500メートル（当該施設を中心とする半径500メートルの円で囲まれる区域の面積に占める当該区域内にある宅地の面積の割合が40パーセントを超える場合にあっては、その割合が40パーセントとなるまで当該施設を中心とする円の半径を延長したときの当該半径の長さ又は１キロメートルのいずれか短い距離）以内の区域

ｂ 宅地化の状況からみてエの(ア)のｂに掲げる区域に該当するものとなることが見込まれる区域として、宅地化の状況が同ｂの(a)に掲げる程度に達している区域に近接する区域内にある農地の区域で、その規模がおおむね10ヘクタール未満であるもの

(イ) 許可の基準

第２種農地の転用は、申請に係る農地に代えて周辺の他の土地を供することにより当該申請に係る事業の目的を達成することができると認められる場合には、原則として、許可をすることができない。

なお、「申請に係る農地に代えて周辺の他の土地を供することにより当該申請に係る事業の目的を達成することができると認められる」か否かの判断については、①当該申請に係る事業目的、事業面積、立地場所等を勘案し、申請地の周辺に当該事業目的を達成することが可能な農地以外の土地や第３種農地があるか否か、②その土地を申請者が転用許可申請に係る事業目的に使用することが可能か否か等により行う。

ただし、この場合であっても、次に掲げる場合には、例外的に許可をすることができる。

ａ 転用行為が土地収用法第26条第１項の規定による告示に係る事業の用に供するために行われるものである場合（法第４条第６項ただし書）

ｂ 転用行為がイの(イ)のｃ、ｄ、ｇ又

はｈのいずれかに該当する場合（令第４条第２項）

この場合、イの(イ)のｃの(b)から(e)までに掲げる施設にあっては、第２種農地以外の周辺の土地に設置することによってその目的を達成することができると認められるものであっても、許可をすることができる（則第33条括弧書）。

なお、第１種農地において例外的に許可をすることができる場合のうちイの(イ)のｂ、ｅ又はｆの場合は、申請に係る農地に代えて周辺の他の土地を供することによっては当該申請に係る事業の目的を達成することができると認められないため第２種農地の転用の許可をすることができるものであることから、改めて令第４条第２項において規定することとはされていないものである。

カ　その他の農地（第２種農地）

(ア)　要件

農用地区域内にある農地以外の農地であって、甲種農地、第１種農地、第２種農地（オに規定するものに限る。(イ)において同じ。）及び第３種農地のいずれの要件にも該当しない農地であり、具体的には、中山間地域等に存在する農業公共投資の対象となっていない小集団の生産性の低い農地等が該当する。

(イ)　許可の基準

法第４条第６項第２号により、第２種農地の場合と同様の基準となる。

(2)　立地基準以外の基準（一般基準。法第４条第６項第３号から第６号まで）

(1)の立地基準に適合する場合であっても、次のいずれかに該当するときには、許可をすることができない。

ア　農地を転用して申請に係る用途に供することが確実と認められない場合（法第４条第６項第３号）

具体的には、次に掲げる事由がある場合である。

(ア)　転用行為を行うのに必要な資力及び信用があると認められないこと（法第４条第６項第３号）。

なお、則第30条第４号又は第57条の２第２項第１号の規定により、申請書に資金計画に基づいて事業を実施するために必要な資力及び信用があることを証する書面を添付することが義務付けられているが、資力及び信用は申請者によって様々であることから、当該書面は、当該資金計画の額の多寡によらず添付が必要である。また、当該書面は、転用行為を行うのに必要な資力及び信用があることを客観的に裏付けるものである必要があり、申請者の申出によるものは適当でないと考えられる。

(イ)　申請に係る農地の転用行為の妨げとなる権利を有する者の同意を得ていないこと（法第４条第６項第３号）。

「転用行為の妨げとなる権利」とは、法第３条第１項本文に掲げる権利である。

(ウ)　法第４条第１項の許可を受けた後、遅滞なく、申請に係る農地を申請に係る用途に供する見込みがないこと（則第47条第１号）。

なお、申請に係る事業の施行に関して法令（条例を含む。）により義務付けられている行政庁との協議を行っていない場合については、上記事由に該当し、申請に係る農地を申請に係る用途に供することが確実と認められないと判断することが適当と考えられる。

(エ)　申請に係る事業の施行に関して行政庁の免許、許可、認可等の処分を必要とする場合においては、これらの処分がされなかったこと又はこれらの処分がされる見込みがないこと（則第47条第２号）。

(オ)　申請に係る事業の施行に関して法令（条例を含む。）により義務付けられている行政庁との協議を現に行っていること則第47条第２号の２。

(カ)　申請に係る農地と一体として申請に係る事業の目的に供する土地を利用できる見込みがないこと（則第47条第３号）。

(キ)　申請に係る農地の面積が申請に係る事業の目的からみて適正と認められないこと（則第47条第４号）。

(ク)　申請に係る事業が工場、住宅その他の施設の用に供される土地の造成（その処分を含む。）のみを目的とするものであること。申請者が工場、住宅その他の施設の用に供される土地の造成を行い、自ら当該施設を建設せずに当該土地を処分し、申請者以外の者が当該施設を建設する場合、当該申請に係る事業は、「土地の造成（その処分を含む。）のみを目的とするもの」に該当する。ただし、建築条件付売買予定地に係る農地転用許可関係事務取扱要領（平成31年３月29日付け30農振第4002号農林水産省農村振興局長通知）の規定により建築条件付売買予定地とする場合のほか、次に掲げる場合は、この限りでない（則第47条第５号）。

a　農業構造の改善に資する事業の実施により農業の振興に資する施設の用に供される土地を造成するため農地を農地以外のものにする場合であって、当該農地が当該施設の用に供されることが確実と認められるとき。

「農業構造の改善に資する事業」は、別に農村振興局長が定める。

また、「当該農地が当該施設の用に供されることが確実」か否かは、別に農村振興局長が定めるところにより判断する。

b　農業協同組合が農業協同組合法（昭和22年法律第132号）第10条第５項各号の事業の実施により工場、住宅その他の施設の用に供される土地を造成するため農地を農地以外のものにする場合であって、当該農地がこれらの施設の用に供されることが確実と認められるとき。

c　農地中間管理機構が農業用施設の用に供される土地を造成するため農地を農地以外のものにする場合であって、当該農地が当該施設の用に供されることが確実と認められるとき。

d　(1)のイの(ｲ)のｈの(b)に掲げる計画に従って工場、住宅その他の施設の用に供される土地を造成するため農地を農地以外のものにする場合

e　非農用地区域内において当該非農用地区域に係る土地改良事業計画、特定地域整備事業実施計画又は農用地整備事業実施計画に定められた用途に供される土地を造成するため農地を農地以外のものにする場合であって、当該農地が当該用途に供されることが確実と認められるとき。

f　用途地域が定められている土地の区域（農業上の土地利用との調整が調ったものに限る。）内において工場、住宅その他の施設の用に供される土地を造成するため農地を農地以外のものにする場合であって、当該農地がこれらの施設の用に供されることが確実と認められるとき。

「農業上の土地利用との調整」は、別に農村振興局長が定めるところにより行う。

g　都市計画法第12条の５第１項の地区計画が定められている土地の区域（農業上の土地利用との調整が調ったものに限る。）内において、同法第34条第10号の規定に該当するものとして同法第29条第１項の許可を受けて住宅又はこれに附帯する施設の用に供される土地を造成するため農地を農地以外のものにする場合であって、当該農地がこれらの施設の用に供されることが確実と認められるとき。

「農業上の土地利用との調整」は、別に農村振興局長が定めるところにより行う。

h　集落地域整備法第５条第１項の集落地区計画が定められている区域（農業上の土地利用との調整が調ったものに限る。）内において集落地区整備計画に定められる建築物等に関する事項に適合する建築物等の用に供される土地を造成するため農地を農地以外のものにする場合であって、当該農地がこれらの建築物等の用に供されることが確実と認められるとき。

「農業上の土地利用との調整」は、別に農村振興局長が定めるところにより行う。

i　国（国が出資している法人を含む。）の出資により設立された法人、地方公共団体の出資により設立された一般社団法人若しくは一般財団法人、土地開発公社又は農業協同組合若しくは農業協同組合連合会が、農

村地域への産業の導入の促進等に関する法律（昭和46年法律第112号）第５条第１項の規定により定められた実施計画に基づき同条第２項第１号に規定する産業導入地区内において同項第５号に規定する施設用地に供される土地を造成するため農地を農地以外のものにする場合

j　総合保養地域整備法（昭和62年法律第71号）第７条第１項に規定する同意基本構想に基づき同法第４条第２項第３号に規定する重点整備地区内において同法第２条第１項に規定する特定施設の用に供される土地を造成するため農地を農地以外のものにする場合であって、当該農地が当該施設の用に供されることが確実と認められるとき。

k　多極分散型国土形成促進法（昭和63年法律第83号）第11条第１項に規定する同意基本構想に基づき同法第７条第２項第２号に規定する重点整備地区内において同項第３号に規定する中核的施設の用に供される土地を造成するため農地を農地以外のものにする場合であって、当該農地が当該施設の用に供されることが確実と認められるとき。

l　地方拠点都市地域の整備及び産業業務施設の再配置の促進に関する法律（平成４年法律第76号）第８条第１項に規定する同意基本計画に基づき同法第２条第２項に規定する拠点地区内において同項の事業として住宅及び住宅地若しくは同法第６条第５項に規定する教養文化施設等の用に供される土地を造成するため又は同条第４項に規定する拠点地区内において同法第２条第３項に規定する産業業務施設の用に供される土地を造成するため農地を農地以外のものにする場合であって、当該農地がこれらの施設の用に供されることが確実と認められるとき。

m　地域経済牽引事業の促進による地域の成長発展の基盤強化に関する法律（平成19年法律第40号）第14条第２項に規定する承認地域経済牽引事業計画に基づき同法第11条第２項第１号に規定する土地利用調整区域内において同法第13条第３項第１号に規定する施設の用に供する土地を造成するため農地を農地以外のものにする場合であって、当該農地が当該施設の用に供されることが確実と認められるとき。

n　大都市地域における優良宅地開発の促進に関する緊急措置法（昭和63年法律第47号）第３条第１項の認定を受けた同項に規定する宅地開発事業計画に従って住宅その他の施設の用に供される土地を造成するため農地を農地以外のものにする場合であって、当該農地がこれらの施設の用に供されることが確実と認められるとき。

o　地方公共団体（都道府県及び指定市町村を除く。）又は独立行政法人都市再生機構その他国（国が出資している法人を含む。）の出資により設立された地域の開発を目的とする法人が工場、住宅その他の施設の用に供される土地を造成するため農地を農地以外のものにする場合

p　電気事業者又は独立行政法人水資源機構その他国若しくは地方公共団体の出資により設立された法人が、ダムの建設に伴い移転が必要となる工場、住宅その他の施設の用に供される土地を造成するため農地を農地以外のものにする場合

q　独立行政法人中小企業基盤整備機構法施行令（平成16年政令第182号）第３条第１項第３号に規定する事業協同組合等が同号に掲げる事業の実施により工場、事業場その他の施設の用に供される土地を造成するため農地を農地以外のものにする場合

r　地方住宅供給公社、日本勤労者住宅協会若しくは土地開発公社又は一般社団法人若しくは一般財団法人が住宅又はこれに附帯する施設の用に供される土地を造成するため農地を農地以外のものにする場合であって、当該農地がこれらの施設の用に供されることが確実と認められるとき。

s　土地開発公社が土地収用法第３条

各号に掲げる施設を設置しようとする者から委託を受けてこれらの施設の用に供される土地を造成するため農地を農地以外のものにする場合であって、当該農地がこれらの施設の用に供されることが確実と認められるとき。

t　農用地土壌汚染対策地域として指定された地域内にある農用地その他の農用地の土壌の特定有害物質による汚染に起因して当該農用地で生産された農畜産物の流通が著しく困難であり、かつ、当該農用地の周辺の土地の利用状況からみて農用地以外の土地として利用することが適当であると認められる農用地の利用の合理化に資する事業の実施により農地を農地以外のものにする場合

イ　周辺の農地に係る営農条件に支障を生ずるおそれがあると認められる場合（法第４条第６項第４号）

申請に係る農地の転用行為により、土砂の流出又は崩壊その他の災害を発生させるおそれがあると認められる場合、農業用用排水施設の有する機能に支障を及ぼすおそれがあると認められる場合その他の周辺の農地に係る営農条件に支障を生ずるおそれがあると認められる場合（法第４条第６項第４号）には、許可をすることができない。

「災害を発生させるおそれがあると認められる場合」とは、土砂の流出又は崩壊のおそれがあると認められる場合のほか、ガス、粉じん又は鉱煙の発生、湧水、捨石等により周辺の農地の営農条件への支障がある場合をいう。

また、「周辺の農地に係る営農条件に支障を生ずるおそれがあると認められる場合」としては、法に例示されているもののほか、次に掲げる場合が想定される。

(ア)　申請に係る農地の位置等からみて、集団的に存在する農地を蚕食し、又は分断するおそれがあると認められる場合

(イ)　周辺の農地における日照、通風等に支障を及ぼすおそれがあると認められる場合

(ウ)　農道、ため池その他の農地の保全又は利用上必要な施設の有する機能に支障を及ぼすおそれがあると認められる場合

ウ　地域における農地の農業上の効率的かつ総合的な利用の確保に支障を生ずるおそれがあると認められる場合（法第４条第６項第５号）

法第４条第６項第５号の「地域における農地の農業上の効率的かつ総合的な利用の確保に支障を生ずるおそれがある場合」とは、次のいずれかに該当する場合とされている。

(ア)　基盤法第18条第５項の規定による申出があってから基盤法第19条の規定による公告があるまでの間において、当該申出に係る農地を転用することにより、当該申出に係る農用地利用集積計画に基づく農地の利用の集積に支障を及ぼすおそれがあると認められる場合（則第47条の３第１号）。

なお、申請に係る農地が用途地域が定められている土地の区域（別に農村振興局長が定めるところにより行われた農業上の土地利用との調整が調ったものに限る。）内にある場合は、「農地の利用の集積に支障を及ぼすおそれがあると認められる場合」に該当しないものと解される。

(イ)　農用地区域を定めるための農振法第11条第１項の規定による公告があってから農振法第12条第１項（農振法第13条第４項において準用する場合を含む。）の規定による公告があるまでの間において、農振法第11条第１項の規定による公告に係る農振法第８条第１項に規定する市町村農業振興地域整備計画の案に係る農地（農用地区域として定める区域内にあるものに限る。）を転用することにより、当該計画に基づく農地の農業上の効率的かつ総合的な利用の確保に支障を生ずるおそれがあると認められる場合（則第47条の３第２号）。

エ　仮設工作物の設置その他の一時的な利用に供するため農地を転用しようとする場合において、その利用に供された後にその土地が耕作の目的に供されることが確実と認められないとき（法第４条第６項第６号）。

「その利用に供された後にその土地が

耕作の目的に供されること」とは、一時的な利用に供された後、速やかに農地として利用することができる状態に回復されることをいう。

⑶　その他

法第４条第１項の許可に係る土地について、当該許可に係る工事が完了する前に、当該土地が農地以外の土地であると判断することは、適当でない。

また、法第４条第１項ただし書の規定の適用を受ける土地についても、同様である。なお、当該土地について、工事が完了する前に同項各号のいずれにも該当しなくなった場合には、改めて許可を受ける必要があることに留意する。

２　法第４条第４項関係

農業委員会は、法第４条第３項の規定により意見を述べようとするとき（同一の事業（同一の事業主体が一連の事業計画の下に転用しようとする事業をいう。）の目的に供するため30アールを超える農地転用に係るものであるときに限る。）は、あらかじめ、都道府県農業委員会ネットワーク機構（農業委員会等に関する法律（昭和26年法律第88号）第42条第１項の規定による都道府県知事の指定を受けた農業委員会ネットワーク機構をいう。以下同じ。）の意見を聴かなければならない。

また、農業委員会は、意見を述べるため必要があると認めるときは、都道府県農業委員会ネットワーク機構の意見を聴くことができる。

農業委員会から意見を求められた事案についての都道府県農業委員会ネットワーク機構の審議は、原則として書面審理によることが適当と考えられる。

なお、農業委員会は、都道府県農業委員会ネットワーク機構の意見を聴くために必要な書面（以下「諮問書」という。）の記載内容が簡略化されていたり、諮問書の提出が都道府県農業委員会ネットワーク機構における審議の直前となることのないよう留意することが適当と考えられる。

３　法第４条第８項関係

⑴　国、都道府県又は指定市町村が農地を農地以外のものにしようとする場合には、直接、都道府県知事等に対し、文書により協議を求めることとし、当該文書の提出により協議を受けた都道府県知事は、当該協議を成立させるか否かについて文書により回答することが適当と考えられる。

⑵　法第４条第８項の協議の成立又は不成立の判断基準については、１の法第４条第１項の許可の基準の例による。したがって、国、都道府県又は指定市町村は、則第25条各号に掲げる施設を設置するための用地として農地を選定せざるを得ない場合には、同項の許可を受けることのできる農地が選定されるよう、当該協議に先立って都道府県知事等と十分に調整を行うことが適当と考えられる。

⑶　都道府県知事等は、あらかじめ、国、都道府県又は指定市町村が則第25条各号に掲げる施設を設置するために農地転用を行うことによる影響をできる限り客観的かつ定量的に評価するための仕組みや基準を策定しておくとともに、⑵の調整に当たっては、国、都道府県又は指定市町村に対し、十分に説得力のある説明を行うことが望ましい。

４　法第５条第２項関係

法第５条第２項に規定する許可基準の内容は、採草放牧地の転用のための権利移動に係る場合を含め、次に掲げるものを除き、１の法第４条第１項の許可の基準等の内容と同様となる（法第５条第２項）。

⑴　仮設工作物の設置その他の一時的な利用に供するため所有権を取得しようとする場合には、許可をすることができないこと（法第５条第２項第６号）。

⑵　農地を採草放牧地にするため法第３条第１項本文に掲げる権利を取得しようとする場合において、同条第２項の規定により同条第１項の許可をすることができない場合に該当すると認められるときは、許可をすることができないこと（法第５条第２項第８号）。

５　法第５条第３項関係

法第５条第３項において準用する法第４条第４項又は第５項の規定による都道府県農業委員会ネットワーク機構からの意見聴取については、２と同様となる。

６　法第５条第４項関係

法第５条第４項の協議については、３と同様となる。

７　法第51条及び第52条の４関係

⑴　違反転用の防止及び早期発見・是正のための取組

ア　都道府県又は指定市町村の取組

違反転用の防止及び早期発見・是正を図るため、都道府県又は指定市町村においては、次に掲げる取組を行うことが適当と考えられる。

(ア) 違反転用を防止するためには、まず、地域住民・農業者に対する啓発を図ることが重要であることから、都道府県又は指定市町村自ら啓発活動に取り組むとともに、地域住民・農業者により身近である農業委員会において、イによる啓発活動が活発に行われるよう助言・指導を行うこと。

(イ) 違反行為が生じた場合には、時間が経過するほど原状回復が難しくなる傾向があることから、早期に発見し是正指導に着手することが重要である。このため、農業委員会が違反転用を把握した場合における都道府県知事等に対する報告が迅速になされるよう、日ごろから農業委員会との情報連絡体制を密にするとともに、農業委員会において違反転用に対する情報収集体制が整備されるよう助言・指導を行うこと。

(ウ) 違反転用を把握した場合には、優良農地の確保を図る観点から、原状回復を求める必要性について十分に検討を行うこと。なお、違反転用に係る農地について、仮に法第４条第１項又は第５条第１項の許可の申請が行われれば当該許可をすることができるような場合であっても上記と同様の取扱いとなり、原状回復を求める必要性について検討を行う必要があることに変わりはないことに留意すること。

(エ) 産業廃棄物等の投棄による違反転用については、都道府県又は指定市町村の環境担当部局や地元警察との情報連絡体制を密にし、これらの機関との連携により違反転用の早期発見・早期是正に努めること。

イ　農業委員会の取組

違反転用の防止及び早期発見・是正を図るため、農業委員会においては、次に掲げる取組を行うことが適当と考えられる。

(ア) 農業委員会は、日ごろから農地パトロールを行うこととし、効率的に農地パトロールを行うことができるよう、農地の利用の状況を記載した図面を整備すること。また、違反転用の防止に向けた地域住民に対する啓発を図るため、市役所若しくは町村役場や公民館等における農地転用許可制度に関するポスターの掲示又はリーフレットの配布、市町村の広報誌等における同制度の紹介等の取組を積極的に行うこと。

(イ) 農業委員会は、国、都道府県、市町村、土地改良区、農業協同組合等関係機関との連携の下で、違反転用に関する情報の効率的な収集体制及び関係機関相互間の情報連絡体制の整備に努めること。

(ウ) 農業委員会は、必要があると認めるときは、都道府県知事等に対し、法第51条の規定による命令その他必要な措置を講ずべきことを要請することができるが、この要請は、原則として書面によることが適当と考えられる。

(2) 法第51条第１項の規定による処分の基準

ア　法第51条第１項の「土地の農業上の利用の確保及び他の公益並びに関係人の利益を衡量して特に必要があると認める」か否かの判断をするに当たっては、当該違反転用に係る土地の現況、その土地の周辺における土地の利用の状況、違反転用により農地及び採草放牧地以外のものになった後においてその土地に関し形成された法律関係、農地及び採草放牧地以外のものになった後の転得者が詐偽その他不正の手段により許可を受けた者からその情を知ってその土地を取得したかどうか、過去に違反転用を行ったことがあるかどうか、是正勧告を受けてもこれに従わないと思われるかどうか等の事情を総合的に考慮することが適当と考えられる。

なお、農振法第８条第２項第１号に規定する農用地区域内にある土地については、一般的には「特に必要がある」と認められると解される。

また、高度化施設用地が違反転用に該当する場合には、法第４条第１項の規定に違反することとなるため、当該高度化施設用地に設置された農作物栽培高度化施設の設置者が処分の対象となることに留意するものとする。

イ　法第51条第１項第２号の「許可に付した条件に違反している者」には、法第４

条第１項又は第５条第１項の許可を受けた者の一般承継人であって当該許可に付された条件に違反している者は含まれるが、当該許可を受けた者の特定承継人は含まれないものと解される。

ウ　法第51条第１項第４号の「偽りその他不正の手段により、第４条第１項又は第５条第１項の許可を受けた者」には、偽りその他不正の手段により許可を受けた者の一般承継人は含まれないものと解される。

エ　なお、法第３条第１項又は第18条第１項の許可について、詐欺、強迫等によりその意思決定に瑕疵がある場合又は収賄その他の不正行為に基づきなされた場合には、法第51条第１項の規定にかかわらず、公益上の必要があるときは、当該許可を取り消すことができると解される。

(3)　法第51条第３項の規定による処分の基準

ア　法第51条第３項第２号の「違反転用者等を確知することができないとき」としては、土地の所有者に無断で転用している場合等で、当該土地所有者等に確認しても違反転用者等が判明しないときや違反転用業者が既に実態のない会社となっているとき等が想定される。

なお、都道府県知事等は、同号の政令で定める方法により、違反転用者等であって確知することができないものに関する情報の探索を行ってもなお違反転用者等を特定できない場合には、同項の規定による公告を行う。

イ　法第51条第３項第３号の「緊急に原状回復等の措置を講ずる必要がある場合」としては、例えば、建設残土が撤去されていないため、その後、台風等の自然災害の発生により当該建設残土が流出し、周辺の営農条件に著しい支障が生ずるおそれがある場合等が想定される。

(4)　法第51条第５項に規定する費用の徴収の方法

法第51条第５項に規定する費用の徴収の方法については、行政代執行法（昭和23年法律第43号）第５条及び第６条の規定を準用することとされていることから、実際に要した費用の額及びこれを納付すべき期日を定め、違反転用者等に対し、文書をもってその納付を命じなければならないとともに、代執行に要した費用は、当該期日までに納付されない場合には、国税徴収法（昭和34年法律第147号）に規定する国税滞納処分の例により、これを徴収することができる。

具体的には、次に掲げる点に留意する必要がある。

ア　国税滞納処分の手続においては、徴収職員は、滞納者の財産を差し押さえた上で、差押財産を公売に付すこととされているが、滞納者の所在が不明である場合には、これらの手続に際し、公示送達が認められること（国税徴収法第５章及び国税通則法（昭和37年法律第66号）第14条）から、都道府県知事等は、違反転用者等の所在が不明である場合には、当該違反転用者等に対して差押書を公示送達の手続により送達することによって、その財産を差し押え、公売を行い、代執行に要した費用を徴収することができることとなり、売却価格から代執行に要した費用を差し引いた額は、法務局に供託することとなる。

イ　代執行に要した費用よりも著しく高い価格の財産や差押え可能な財産の価格が代執行に要した費用よりも少ない場合の当該財産については差し押えることはできないが、差押え可能な財産がある場合には、差押えを行うことにより時効中断を行っておき、その間に違反転用者等を捜すなどして、できる限り当該違反転用者等から直接徴収することが望ましい。

8　法第59条関係

(1)　是正の要求の方式

法第59条第１項の「農地又は採草放牧地の確保に支障を生じさせていることが明らかである」場合としては、１及び４に規定する許可基準に照らせば、本来、法第４条第１項又は第５条第１項の許可をすることができないにもかかわらず、十分な検討がなされないままに当該許可がされ、これを受けて農地転用がなされた結果、農地又は採草放牧地のかい廃が進行している場合が想定される。

(2)　農地転用許可事務の処理に係る実態調査

地方農政局長等（北海道にあっては農村振興局長、沖縄県にあっては内閣府沖縄総合事務局長）は、毎年、都道府県知事等の処理する農地転用許可事務について実態調査を行い、不適正な事務処理がなされていると認められる場合には、その改善を図るため、地方自治法（昭和22年法律第67号）第245条の４第１項の助言若しくは勧告又は同法第245条の５第１項の規定による求め（都道府県知事の事務を同法第252条の17の２第１項の条例の定めるところにより市町村が処理することとされた場合にあっては、同法第245条の４第２項又は第245条の５第２項の指示。以下「是正の要求等」という。）を行うことが適当と考えられる。

なお、当該調査は、指定市町村の長による事務処理及び都道府県知事による２ヘクタールを超え４ヘクタール以下の農地転用に係る事務処理について重点的に行うほか、その都度、必要に応じて重点課題等を定めて行う。

⑶ 情報の共有

農村振興局長は、都道府県知事等に対して行った是正の要求等のうち、他の都道府県又は市町村において同様の事態が生ずることがないようにする観点から特に必要があると認められるものに係る情報を取りまとめ、公表する。

農地法関係事務処理要領の制定について（抄）

（平成21年12月11日21経営第4608号・21農振第1599号
農林水産省経営局長・農村振興局長通知
最終改正：令和2年4月1日元経営第3260号・元農振第3698号）

第171回国会において成立した農地法等の一部を改正する法律(平成21年法律第57号)については、農地法施行令等の一部を改正する政令(平成21年政令第285号）及び農地法施行規則等の一部を改正する省令(平成21年農林水産省令第64号)と併せて、平成21年12月15日から施行されることとなった。

これに伴い、別添のとおり農地法関係事務処理要領を制定し、平成21年12月15日から施行することとしたので、御了知の上、適正に事務を行われたい。

別添

農地法（昭和27年法律第229号）及び農地法等の一部を改正する法律（平成21年法律第57号）の規定に基づく事務処理について、別紙１及び別紙２のとおり定めたので、御了知願いたい。

別紙１

農地法に係る事務処理要領

第４　農地等の転用の関係

１　農地転用許可手続

⑴　法第４条の許可申請手続

ア　農地を転用するため法第４条第１項の許可を受けようとする者には、様式例第４号の１による申請書を当該農地の所在する区域を管轄する農業委員会(以下「関係農業委員会」という。）を経由して都道府県知事（農地法第４条第１項に規定する農林水産大臣が指定する市町村（以下「指定市町村」という。)の区域内にあっては、指定市町村の長。以下「都道府県知事等」という。）に提出させる。

イ　申請書には、次に掲げる書類を添付させる。

㋐　法人にあっては、定款又は寄附行為及び法人の登記事項証明書

㋑　申請に係る土地の登記事項証明書（全部事項証明書に限る。）

㋒　申請に係る土地の地番を表示する図面

㋓　転用候補地の位置及び附近の状況を表示する図面（縮尺は、10,000分の１ないし50,000分の１程度）

㋔　転用候補地に建設しようとする建物又は施設の面積、位置及び施設物間の距離を表示する図面（縮尺は、500分の１ないし2,000分の１程度。当該事業に関連する設計書等の既存の書類の写しを活用させることも可能である。）

㋕　当該事業を実施するために必要な資力及び信用があることを証する書面（例えば、次に掲げる書面又はその写しのように、資力及び信用があることを客観的に判断することができるものとすることが考えられる。）

a　金融機関等が発行した融資を行うことを証する書面その他の融資を受けられることが分かる書面

b　預貯金通帳、金融機関等が発行した預貯金の残高証明書その他の預貯

金の残高が分かる書面（許可を申請する者又はその者の住居若しくは生計を一にする親族のものに限る。）

c　源泉徴収票その他の所得の金額が分かる書面

d　青色申告書、財務諸表その他の財務の状況が分かる書面

(キ)　所有権以外の権原に基づいて申請をする場合には、所有者の同意があったことを証する書面、申請に係る農地につき地上権、永小作権、質権又は賃借権に基づく耕作者がいる場合には、その同意があったことを証する書面

(ク)　当該事業に関連して法令の定めるところにより許可、認可、関係機関の議決等を要する場合において、これを了しているときは、その旨を証する書面

(ケ)　申請に係る農地が土地改良区の地区内にある場合には、当該土地改良区の意見書（意見を求めた日から30日を経過してもその意見を得られない場合にあっては、その事由を記載した書面）

(コ)　当該事業に関連する取水又は排水につき水利権者、漁業権者その他関係権利者の同意を得ている場合には、その旨を証する書面

(サ)　その他参考となるべき書類（許可申請の審査をするに当たって、特に必要がある場合に限ることとし、印鑑証明、住民票等の添付を一律に求めることは適当でない。）

(2)　法第5条の許可申請手続

ア　転用の目的で農地等について権利を設定し、又は移転するため法第5条第1項の許可を受けようとする者には、様式例第4号の2による申請書を関係農業委員会を経由して都道府県知事等に提出させる。その農地の権利を取得する者が同一の事業（同一の事業主体が一連の事業計画の下に転用しようとする事業をいう。以下同じ。）の目的に供するためその農地と併せて採草放牧地について権利を取得する場合も、同様とする。

イ　申請書には、(1)のイの(ア)から(サ)までに掲げる書類（同イの(キ)及び(ケ)中「農地」とあるのは、「農地等」と読み替える。）を添付させる。

(3)　農地転用許可の申請者

法第4条第1項又は第5条第1項の許可（以下第4において「農地転用許可」という。）の申請をする者は、次に掲げるとおりである。

ア　法第4条第1項の許可を申請する場合にあっては、農地を転用しようとする者

イ　法第5条第1項の許可を申請する場合にあっては、農地等について権利を取得しようとする者及びその者のために権利を設定し、又は移転しようとする者の双方とする。ただし、その申請に係る権利の設定又は移転が競売若しくは公売又は遺贈その他の単独行為による場合及びその申請に係る権利の設定又は移転に関し、判決が確定し、裁判上の和解若しくは請求の認諾があり、民事調停法（昭和26年法律第222号）により調停が成立し、又は家事事件手続法（平成23年法律第52号）により審判が確定し若しくは調停が成立した場合には、この限りでない。

(4)　農業委員会の処理

ア　農業委員会は、申請書の提出があったときは、申請書の記載事項等につき検討して様式例第4号の3による意見書を作成し、これを申請書に添付して都道府県知事等に送付しなければならない。この場合、都道府県農業委員会ネットワーク機構（農業委員会法第42条第1項の規定による都道府県知事の指定を受けた農業委員会ネットワーク機構をいう。以下同じ。）に意見を聴いたときは、当該都道府県農業委員会ネットワーク機構の意見も踏まえ意見書を作成する。

また、農業委員会は、その意見書の写しを保管する。

なお、意見決定の際特に問題として討議又は質疑が行われた事項があった場合には、関係議事録の写しを意見書に添付する。

イ　農業委員会は、送付した申請書に対する指令書の写しの送付を都道府県知事等から受けたときは、意見書の写しに都道府県知事等の処理結果を記入する。

(5)　都道府県知事等の処理

ア　都道府県知事等は、申請書の提出があったときは、その内容を審査し、必要がある場合には実地調査を行い、農地転用許可の可否を決定する。

イ　都道府県知事等は、農地転用許可の可否を決定したときは、指令書を申請者に

交付するとともに、その写しを関係農業委員会に送付する。この場合、指令書には、当該許可又は不許可に係る権利の種類及び設定又は移転の別を明記する。

なお、指令書は、当事者の連署による申請に係るものにあっては、その双方に交付する。

ウ　都道府県知事等は、申請を却下し、申請の全部若しくは一部について不許可処分をし、又は附款を付して許可処分をする場合には、指令書の末尾に次の各号に掲げる区分に応じ、それぞれ当該各号に定める教示文を記載する。

(ア)　4ヘクタール以下の場合

「〔教示〕

1　この処分に不服があるときは、行政不服審査法（平成26年法律第68号）第4条の規定により、この処分のあったことを知った日の翌日から起算して3か月以内に、都道府県知事に審査請求書（同法第19条第2項各号に掲げる事項（審査請求人が、法人その他の社団若しくは財団である場合、総代を互選した場合又は代理人によって審査請求をする場合には、同法同条第4項に掲げる事項を含みます。）を記載しなければなりません。）を提出して審査請求をすることができます。

ただし、当該処分に対する不服の理由が鉱業、採石業又は砂利採取業との調整に関するものであるときは、農地法（昭和27年法律第229号）第53条第2項の規定により、この処分があったことを知った日の翌日から起算して3か月以内に、公害等調整委員会に裁定申請書（鉱業等に係る土地利用の調整手続等に関する法律（昭和25年法律第292号）第25条の2第2項各号に掲げる事項を記載しなければなりません。）を提出して裁定の申請をすることができます。

なお、この場合、併せて処分庁及び関係都道府県知事の数に等しい部数の当該裁定申請書の副本を提出してください。

2　この処分については、上記1の審査請求のほか、この処分があったことを知った日の翌日から起算して6か月以内に、都道府県を被告として（訴訟において都道府県を代表する者は都道府県知事となります。）、処分の取消しの訴えを提起することができます。

なお、上記1の審査請求をした場合には、処分の取消しの訴えは、その審査請求に対する裁決があったことを知った日の翌日から起算して6か月以内に提起することができます。

3　ただし、上記の期間が経過する前に、この処分（審査請求をした場合には、その審査請求に対する裁決）があった日の翌日から起算して1年を経過した場合は、審査請求をすることや処分の取消しの訴えを提起することができなくなります。

なお、正当な理由があるときは、上記の期間やこの処分（審査請求をした場合には、その審査請求に対する裁決）があった日の翌日から起算して1年を経過した後であっても審査請求をすることや処分の取消しの訴えを提起することが認められる場合があります。」

（留意事項）指定市町村にあっては、下線の部分は、「都道府県」は「市町村」、「都道府県知事」は「市町村長」と記載すること。

(イ)　(ア)以外の場合

「〔教示〕

1　この処分に不服があるときは、地方自治法（昭和22年法律第67号）第255条の2第1項の規定により、この処分があったことを知った日の翌日から起算して3か月以内に、農林水産大臣に審査請求書（行政不服審査法（平成26年法律第68号）第19条第2項各号に掲げる事項（審査請求人が、法人その他の社団若しくは財団である場合、総代を互選した場合又は代理人によって審査請求をする場合には、同法同条第4項に掲げる事項を含みます。）を記載しなければなりません。）正副2通を提出して審査請求をすることができます。

なお、審査請求書は、都道府県知事を経由して農林水産大臣に提出することもできますし、また、直接農林水産大臣に提出することもできますが、直接農林水産大臣に提出する場合には、○○市○○町○○番地○○農政局長に提出してください。

ただし、当該処分に対する不服の理由が鉱業、採石業又は砂利採取業との調整に関するものであるときは、農地法（昭和27年法律第229号）第53条第2項の規定により、この処分があったことを知った日の翌日から起算して3か月以内に、公害等調整委員会に裁定申請書（鉱業等に係る土地利用の調整手続等に関する法律（昭和25年法律第292号）第25条の2第2項各号に掲げる事項を記載しなければなりません。）を提出して裁定の申請をすることができます。

なお、この場合、併せて処分庁及び関係都道府県知事の数に等しい部数の当該裁定申請書の副本を提出してください。

2　この処分については、上記1の審査請求のほか、この処分があったことを知った日の翌日から起算して6か月以内に、都道府県を被告として（訴訟において都道府県を代表する者は都道府県知事となります。）、処分の取消しの訴えを提起することができます。

なお、上記1の審査請求をした場合には、処分の取消しの訴えは、その審査請求に対する裁決があったことを知った日の翌日から起算して6か月以内に提起することができます。

3　ただし、上記の期間が経過する前に、この処分（審査請求をした場合には、その審査請求に対する裁決）があった日の翌日から起算して1年を経過した場合は、審査請求をすることや処分の取消しの訴えを提起することができなくなります。

なお、正当な理由があるときは、上記の期間やこの処分（審査請求をした場合には、その審査請求に対する裁決）があった日の翌日から起算して1年を経過した後であっても審査請求をすることや処分の取消しの訴えを提起することが認められる場合があります。」

（留意事項）　北海道及び指定市町村にあっては、下線の部分は記載しないこと。なお、指定市町村にあっては、二重下線の部分は「農林水産大臣」は「都道府県知事」、「都道府県」は「市町村」、「都道府県知事」は「市町村長」と記載すること。

(6)　その他処理上の留意事項

ア　申請に係る農地等の全部又は一部が賃借権の設定された農地等である場合であって、当該農地等について耕作又は養畜の事業を行っている者以外の者が転用するときは、その申請に係る農地転用許可は、当該農地等に係る法第18条第1項の許可と併せて処理することとし、特に、指定市町村の長が処理する事案にあっては、これら双方の許可に食い違いの生じないよう、許可権者間の連絡に留意する。

イ　法第4条第1項又は第5条第1項の許可権者（以下第4において「農地転用許可権者」という。）は、農地転用許可をしようとする場合において、当該事業が都市計画法（昭和43年法律第100号）第29条又は第43条第1項の許可（以下「開発許可」という。）を要するものであるときは、開発許可の権限を有する者（以下「開発許可権者」という。）に可及的速やかに連絡し、調整を図ることが望ましい。また、農地転用許可及び開発許可は、この調整を了した後に同時にすることが望ましい。

なお、2の協議を行う場合も、同様とする。

ウ　農地転用許可をするに当たっては、原則として「①申請書に記載された事業計画に従って事業の用に供すること。②許可に係る工事が完了するまでの間、本件許可の日から3か月後及びその後1年ごとに工事の進捗状況を報告し、許可に係る工事が完了したときは、遅滞なく、その旨を報告すること。③申請書に記載された工事の完了の日までに農地に復元すること。」という条件を付するものとし、その他の条件を付するに当たっては、一定の期間内に一定の行為をしない場合には農地転用許可が失効するというような解除条件は避ける等、その条件は明確なものとし、その後の農地転用許可の効力等につき疑義を生ずることのないようにする。

（留意事項）　③については、農地の転用目的が一時的な利用の場合において記載すること。

エ　転用目的が資材置き場のように建築物の建築等を伴わないもの（以下「資材置き場等」という。）である場合には、当該転用目的どおり十分な利用がなされないまま他用途に転換されることがないよう、農地転用許可権者は、事業規模の妥当性、事業実施の確実性等を的確に判断する必要がある。

例えば、過去に資材置き場等に供する目的で農地転用許可を受けたことのある事業者から新たな申請があった場合には、過去に実施した転用事業が当初計画どおりに実施されているか確認する必要がある。また、資材置き場等の目的で申請があった土地が電気事業者による再生可能エネルギー電気の調達に関する特別措置法（平成23年法律第108号）第9条第3項に基づく認定を受けた再生可能エネルギー発電事業計画の設備の所在地となっている場合であって、農地転用許可の基準上、当該設備の設置が許可できない土地である場合にあっては、偽りその他不正の手段により農地転用許可を得ようとしている可能性を考慮し、事業者等から事情を聴取するなど、慎重かつ十分な審査を行う必要がある。

また、資材置き場等に供する目的で農地転用許可がされた場合には、その後の一定期間、農業委員会は、当該土地の利用状況を確認することが望ましい。

オ　農地転用許可に関する指令書をその申請者に交付するときには、その指令書に必ず「注意事項」として「許可に係る土地を申請書に記載された事業計画（用途、施設の配置、着工及び完工の時期、被害防除措置等を含む。）に従ってその事業の用に供しないときは、法第51条第1項の規定によりその許可を取り消し、その条件を変更し、若しくは新たに条件を付し、又は工事その他の行為の停止を命じ、若しくは相当の期限を定めて原状回復の措置等を講ずべきことを命ずることがあります。」旨を記載する。

カ　農村地域への産業の導入の促進等に関する法律（昭和46年法律第112号）第5条第1項に規定する実施計画に基づく施設用地の整備など地域の振興等の観点から地方公共団体等が定める公的な計画に従って農地を転用して行われる施設整備等については、農業上の土地利用との調和を図る観点から、当該実施計画の策定の段階で、転用を行う農地の位置等について当該実施計画の所管部局と十分な調整を行う。

キ　市町村（指定市町村を除く。）が、則第25条第1号から第3号までに掲げる施設又は市役所、特別区の区役所若しくは町村役場の用に供する庁舎を設置するための用地として農地を選定せざるを得ない場合には、農地転用許可を受けることのできる農地が選定されるよう、当該許可申請に先立って2の⑷の例に倣い都道府県知事と十分に調整を行うことが望ましい。

2　法第4条第8項及び第5条第4項の協議の手続

⑴　法第4条第8項の協議の手続

ア　法第4条第8項の協議をしようとする国、都道府県又は指定市町村の転用事業担当部局（以下「4条協議者」という。）は、⑷の事前調整を行った上で様式例第4号の4による協議書を都道府県知事等に提出する。

イ　協議書には、1の⑴のイの(イ)から(サ)までに掲げる書類を添付する。

⑵　法第5条第4項の協議の手続

ア　法第5条第4項の協議をしようとする国、都道府県又は指定市町村の転用事業担当部局（以下「5条協議者」という。）は、⑷の事前調整を行った上で様式例第4号の5による協議書を都道府県知事等に提出する。その農地の権利を取得する者が同一の事業の目的に供するためその農地と併せて採草放牧地について権利を取得する場合も、同様とする。

イ　協議書には、1の⑴のイの(イ)から(サ)までに掲げる書類（同イの(キ)及び(ケ)中「農地」とあるのは、「農地等」と読み替える。）を添付する。

⑶　都道府県知事等の処理

ア　都道府県知事等は、協議書の提出があったときは、その内容を検討し、必要がある場合には実地調査を行った上で、協議の成立又は不成立を決定する。

イ　都道府県知事等は、協議の成立又は不成立を決定したときは、その旨を記載した通知書を4条協議者又は5条協議者に送付するとともに、その写しを関係農業委員会に送付する。この場合、通知書には、協議の成立又は不成立に係る権利の種類及び設定又は移転の別を明記する。

ウ　都道府県知事等は、法第４条第８項又は第５条第４項の規定により協議を成立させようとする事案については、あらかじめ関係農業委員会の意見を聴かなければならない。

(4)　法第４条第８項及び第５条第４項の協議に関する事前調整

ア　都道府県知事等は、農地転用許可の対象となる施設を設置しようとする国、都道府県又は指定市町村の転用事業担当部局に対し、農地転用に当たり当該許可が必要であること及び当該許可に代えて協議を行うことができることを周知するとともに、協議の適正かつ円滑な実施を図るためには、転用候補地の選定前に農地転用許可権者との間で事前調整を行うことが重要であることを常に周知徹底する。

イ　都道府県知事等は、転用候補地の選定前の段階で国、都道府県又は指定市町村の転用事業担当部局から速やかに事業計画を入手するよう努めるとともに、必要に応じ、転用事業担当部局から農地担当部局に対し、転用候補地の選定前に事業計画に係る情報の提供を行うようルール化しておくことが望ましい。この場合、事業計画の内容によっては、同一都道府県又は指定市町村の土地利用担当部局、環境担当部局等の間で連絡調整を図ることも検討することが望ましい。

ウ　国、都道府県又は指定市町村の転用事業担当部局は、都道府県知事等に対し、様式例第４号の６による事前調整申出書を提出する。この場合、当該転用事業担当部局は、一の事業計画につき二以上の転用候補地があるときは、それぞれについて申出書を提出する。

なお、必要に応じ、関係農業委員会の意見を聴くことが望ましい。

エ　事前調整に当たっての留意事項

(ア)　都道府県知事等は、法第４条第６項又は第５条第２項に規定する許可基準（以下「農地転用許可基準」という。）に照らし、事業計画の適否について判断することとし、特に、次に掲げる事項について検討するよう留意する。

a　農地の集団性・連たん性への影響

地域において公共転用によって損なわれるおそれのある農地の集団性・連たん性に関する評価を行うこと。

b　周辺の農地の確保への影響

公共転用が周辺の農地における農地転用を誘発する懸念に関する評価を行うこと。この場合、周辺にある既存の公共施設又は公益的施設の種類・立地状況、宅地化の状況等から、農地転用の拡大可能性を予測することが必要である。

c　周辺の農地に係る営農条件への影響

公共転用が周辺の農地に係る営農条件に及ぼす支障に関する評価を行うこと。

d　効率的かつ安定的な農業経営を営む者の経営への影響

公共転用が地域の効率的かつ安定的な農業経営を営む者の経営の維持・発展に及ぼす悪影響に関する評価を行うこと。

e　地域の環境への影響

公共転用が現在又は将来における地域の街づくり、環境等に及ぼす悪影響に関する評価を行うこと。

(イ)　都道府県知事等は、事業計画の適否について検討した結果、転用候補地の立地等が不適当と判断した場合には、国、都道府県又は指定市町村の転用事業担当部局に対し、速やかに事業計画を中止するよう勧告する。

オ　都道府県知事等の処理

(ア)　都道府県知事等は、事前調整申出書の提出があったときは、農地転用許可基準に基づき事業計画の適否について判断し、その結果を書面により回答するとともに、関係農業委員会にその旨を連絡する。

(イ)　都道府県知事等は、転用候補地の選定が適当である旨回答しようとする場合には、当該回答に、協議の際に留意すべき事項及び当該事項が充足されないとき協議が不成立になる可能性がある旨を併せて記載する。

なお、留意すべき事項は、法第４条第６項第３号から第６号まで又は法第

５条第２項第３号から第７号までの該当項目の各事項について記載する。

(ウ) 都道府県知事等は、法第４条第８項及び第５条第４項の協議に関する事前調整が、優良農地の確保等の観点を踏まえ、転用候補地の選定が適正に行われたことの確認を目的とするものであることに鑑み、当該事前調整においては、転用候補地の選定の適否の検討にとどめつつ、事務を迅速に処理するよう努める。

3　法附則第２項の規定による協議の手続

(1) 都道府県知事等の処理

ア　都道府県知事等は、法附則第２項の規定により地方農政局長（北海道にあっては農村振興局長、沖縄県にあっては内閣府沖縄総合事務局長。以下「地方農政局長等」という。）に協議しようとするときは、法第４条第１項若しくは第５条第１項の規定による許可申請又は法第４条第８項若しくは第５条第４項の協議に係る事業の概要、許可申請書又は協議書の記載事項等につき検討した上で様式例第４号の７による概要書を作成し、これに必要な資料等を添付し、速やかに地方農政局長等に提出する。

ただし、都道府県知事等が法附則第２項第１号又は第３号の規定による協議を複数回に分けて行う場合は、既に行われた協議において提出した資料の提出は省略できるものとする。

イ　都道府県知事等は、地方農政局長等から協議の回答を受けた後に、速やかに農地転用についての許可若しくは不許可の処分又は協議の成立若しくは不成立の決定を行う。

(2) 地方農政局長等の処理

地方農政局長等は、都道府県知事等から協議を受けたときは、その内容を検討し、必要があると認めるときは、都道府県知事等に協議に係る内容等について確認を行い、速やかに検討結果を都道府県知事等に通知する。

4　標準的な事務処理期間

農地転用関係の事務に係る標準的な事務処理期間は、別表１のとおりとする。

5　届出関係

(1) 法第４条第１項第８号の規定による届出の手続

ア　法第４条第１項第８号に規定する市街化区域（以下「市街化区域」という。）内の農地を転用するため同号の規定による届出をしようとする者には、様式例第４号の８による届出書を関係農業委員会に提出させる。

イ　届出書には、次に掲げる書類を添付させる。

(ア) 土地の位置を示す地図（縮尺は、10,000分の１ないし50,000分の１程度）

(イ) 土地の登記事項証明書（全部事項証明書に限る。）

(ウ) 届出に係る農地が賃貸借の目的となっている場合には、その賃貸借につき法第18条第１項の許可があったことを証する書面

(2) 法第５条第１項第７号の規定による届出の手続

ア　市街化区域内の農地等について転用の目的で権利を設定し、又は移転するため法第５条第１項第７号の規定による届出をしようとする者には、様式例第４号の９による届出書を関係農業委員会に提出させる。

イ　届出書には、(1)のイの(ア)から(ウ)までに掲げる書類（同イの(ウ)中「農地」とあるのは、「農地等」と読み替える。）のほか、届出に係る転用行為が都市計画法第29条の開発許可を受けることを必要とするものである場合には、当該転用行為につき当該開発許可を受けたことを証する書面を添付させる。

(3) 添付書類その他についての留意事項

ア　届出者が相続後まだ相続による権利移転の登記を了していない場合のように、届出者がその届出に係る農地等についての真正な権利者であるかどうかが土地の登記事項証明書（全部事項証明書に限る。）によっては確認することができない場合には、戸籍謄本（除籍の謄本を含む。）その他の書類の提出を求めて届出者がその届出に係る農地等の真正な権利者であることの確認を行うことが適当と考えられる。

イ　(ア)届出に係る農地等の賃貸借が農事調停等により成立した合意によって解約されることとなっている場合その他その賃貸借契約が終了することとなっている場

合又は(イ)届出に係る農地等が賃貸借の目的となっている場合であって賃借人がその農地等を転用し、若しくは転用のためその農地等を取得しようとする場合等においては、その賃貸借につき法第18条第1項の許可があったことを証する書面を添付する必要はないが、(ア)の場合には、これに代えて、解約につき合意の成立したことを証する書面その他この賃貸借契約が終了することが確実であると認めることができる書面を添付させることが適当と考えられる。

ウ　届出に係る農地等の賃貸借の解約等が法第18条第1項ただし書の規定により同項の許可を要しないで行われている場合であって、その旨が同条第6項の規定に基づいて関係農業委員会に通知されていないときは、その通知を届出と同様に行わせることが適当と考えられる。

(4)　届出者

届出をする者は、次に掲げるとおりである。

ア　法第4条第1項第8号の規定による届出にあっては、1の(3)のアに掲げる者

イ　法第5条第1項第7号の規定による届出にあっては、1の(3)のイに掲げる者

(5)　農業委員会の処理

ア　農業委員会は、届出書の提出があったときは、速やかに届出に係る土地が市街化区域内にあるかどうか、届出書の法定記載事項が記載されているかどうか及び添付書類が具備されているかどうかを検討するほか、当該届出に係る農地等が賃貸借の目的となっているかどうかを調査の上、その届出が適法であるかどうかを審査して、その受理又は不受理を決定する。

イ　農業委員会は、届出を受理したときは、遅滞なく様式例第4号の10による受理通知書をその届出者に交付し、届出を受理しないこととしたときは、遅滞なく理由を付してその旨をその届出者に通知する。

ウ　1の(5)のウの規定は、農業委員会が届出者に対し受理しない旨の通知をする場合に準用する。

(6)　事務処理上の留意事項

ア　農業委員会は、届出書の提出があったときは、直ちに、届出者に対し、法第4条第1項第8号又は第5条第1項第7号の規定による届出は農業委員会において適法に受理されるまでは届出の効力が発生しないことを十分に説明し、受理通知書の交付があるまでは転用行為に着手しないよう指導する。

イ　農業委員会は、届出書の提出があった場合には、直ちに、受理又は不受理の決定に係る専決処理手続を進めるものとする。

また、受理又は不受理の通知書が遅くとも届出書の到達があった日から2週間以内に届出者に到達するように事務処理を行う。

なお、届出に係る事務を専決処理したときは、当該事案について直近の総会又は部会に報告することが適当と考えられる。

ウ　農業委員会は、届出に係る農地等が土地改良区の地区内にあるときは、農地転用を行う旨の届出がなされたことを当該土地改良区に通知する。

6　違反転用等への対応

(1)　違反転用に対する処分等

ア　農業委員会の処理

(ア)　農業委員会は、法第51条第1項各号のいずれかに該当する者（以下「違反転用者等」という。）に係る違反転用等の事案（以下「違反転用事案」という。）を知ったときは、速やかに、その事情を調査し、遅滞なく様式例第4号の11による報告書（(3)のイの(ア)による勧告をした事案又は農作物栽培高度化施設において農作物の栽培が行われないことが確実となった場合において農業委員会から高度化施設用地が違反転用に該当する旨の報告があった事案を除く。）を都道府県知事等に提出する。また、農業委員会は、その報告書の写しを保管する。

(イ)　農業委員会は、法第52条の4の規定による都道府県知事等に対する要請を行う場合には、都道府県知事等が講ずべき法第51条第1項の規定による命令その他必要な措置の内容を示して行うものとする。

(ウ)　農業委員会は、イの(ア)又は(ウ)による都道府県知事等の通知があったときは、その処分又は命令が遵守履行されるよう違反転用者等を指導する。

(エ) 農業委員会は、違反転用者等に対してイの(ウ)による都道府県知事等の通知に係る処分又は命令の履行を完了したときは、遅滞なくその旨を書面により届け出るよう指導する。この場合の届出書の部数については、2部とする。

(オ) 農業委員会は、(エ)による処分又は命令の履行を完了した旨の届出があったときは、その旨を都道府県知事等に報告する。

なお、再び農作物栽培高度化施設と認められる事案については、当該施設が則第88条の3各号の要件を満たしているかを農業委員会が確認した上で、都道府県知事等に報告する。

(カ) 農業委員会は、違反転用者等がイの(ウ)による都道府県知事等の通知に係る処分又は命令の履行を遅滞していると認められる場合には、直ちに、その理由及び処分又は命令の履行状況を報告すべきことを文書により督促し、漫然と日時を経過させないよう留意することとし、その処理経過を都道府県知事等に報告する。また、農業委員会は、その報告書の写しを保管する。

(キ) 農業委員会は、違反転用事案の処理経過を明確にし、事後の指導の便に資するため違反転用事案処理簿を作成し、これを保管する。この処理簿は、事案ごとに、(ア)、(エ)及び(カ)、イの(ア)並びにイの(ウ)に関する書類を合綴し、整理番号を付したものとする。

イ　都道府県知事等の処理

(ア) 都道府県知事等は、アの(ア)による農業委員会からの報告書の提出等により違反転用事案を把握した場合には、次のように対応すべきものとする。なお、高度化施設用地が違反転用に該当することについては、農業委員会からの報告により確知するものとする。

a　必要に応じて実地調査を行い、違反転用者等に対し、期限を定めて是正するよう指導を行う。

b　aの指導に応じない場合には、違反転用者等に工事その他の行為の停止等を書面（様式例第4号の12）により勧告するとともに、農業委員会にその旨を通知する。また、都道府県知事等は、その勧告書の写しを保管する。

c　bの勧告に従わない場合には、法第51条第1項の規定による処分又は命令を行うことを検討するものとする。また、当該処分又は命令を行おうとする場合には、行政手続法に基づき聴聞又は弁明の手続をとることが適当と考えられる。

(イ) 違反転用者等が(ア)の指導に従わない場合には、刑事訴訟法（昭和23年法律第131号）第239条第2項の規定により検察官又は司法警察員に対して告発をするかどうかを検討する。

なお、この場合、書類の作成など告発のための手続等について、あらかじめ検察官又は司法警察員と十分に調整を行うことが適当と考えられる。

(ウ) 都道府県知事等は、違反転用事案の内容及び聴聞又は弁明の内容を検討するとともに、当該違反転用事案に係る土地の周辺における土地の利用の状況、その土地の現況、違反転用により農地等以外のものになった後においてその土地に関し形成された法律関係、農地等以外のものになった後の転得者が偽りその他不正の手段により農地転用許可を受けた者からその情を知ってその土地を取得したかどうか、過去に違反転用を行ったことがあるかどうか、是正勧告を受けてもこれに従わないと思われるかどうか等の事情を総合的に考慮して、処分又は命ずべき措置の内容を決定する。この場合、当該違反転用事案に係る土地が農業振興地域の整備に関する法律（昭和44年法律第58号。以下「農振法」という。）第8条第2項第1号に規定する農用地区域内の土地であるときは、特段の事情がない限りこれらの処分又は命令を行うことが適当と考えられる。

当該処分の内容を決定した場合にはこれを様式例第4号の13により、命ずべき措置の内容を決定した場合にはこれを様式例第4号の14により、それぞれ違反転用者等に通知するとともに、その写しを関係農業委員会に送付する。また、都道府県知事等は、その命令書の写しを保管する。

なお、処分書又は命令書は、配達証

明郵便により送付することが適当と考えられる。

(エ) 都道府県知事等が必要な処分をし、又は措置を命ずる場合について、法第63条第1項第19号に該当する場合は1の(5)のウの(ア)の教示文を記載し、それ以外に該当する場合は1の(5)のウの(イ)の教示文を記載する。

(オ) 都道府県知事等は、違反転用事案処理簿を作成し、これを保管する。この処理簿は、事案ごとに、アの(ア)及び(ウ)並びにイの(ア)及び(ウ)に関する書類を合綴し、整理番号を付したものとする。

ウ その他

(ア) 都道府県知事等は、違反転用者等に対してイの(ウ)による処分又は命令をしようとする場合であって、農地転用許可と開発許可との調整の内容を変更することとなるものであるときは、あらかじめ当該処分又は命令の内容並びに当該処分又は命令をする理由及び時期を開発許可権者に連絡することが適当と考えられる。

(イ) 都道府県知事等は、違反転用者等に対してイの(ウ)による処分又は命令の履行を完了したときは、遅滞なくその旨を書面により関係農業委員会を経由して届け出るよう指導することが適当と考えられる。

(ウ) 都道府県知事等は、違反転用者等がイの(ウ)による処分又は命令の履行を遅滞していると認められるときは、当該違反転用者等に対してその理由及び処分又は命令の履行状況の報告を関係農業委員会を経由して提出させることが適当と考えられる。

(2) 違反転用に対する行政代執行

ア 法第51条第3項の規定による公告

都道府県知事等は、法第51条第3項第2号に該当するときに同項の規定により行政代執行を行う場合には、同項の規定による公告を行う。

なお、都道府県知事等は、同号の政令で定める方法により、違反転用者等であって確知することができないもの（以下「不確知違反転用者等」という。）に関する情報の探索を行ってもなお違反転用者等を特定できない場合には、当該公告を行う。具体的には、当該違反転用者等の氏名又は名称及び住所又は居所その他の不確知違反転用者等を確知するために必要な情報（以下「不確知違反転用者等関連情報」という。）を取得するため、次の措置をとる必要がある。

(ア) 農地法施行令（昭和27年政令第445号。以下「令」という。）第20条において準用する令第18条第1号により登記所の登記官に対し、違反転用に該当する農地等の登記事項証明書の交付を請求し、所有権の登記名義人又は表題部所有者の氏名及び住所を確認する。

(イ) 令第20条において準用する令第18条第2号により当該農地等を現に占有する者又は農地台帳に記録された事項に基づき不確知違反転用者等関連情報を保有すると思料される者に対し、不確知違反転用者等関連情報の提供を求める。

(ウ) 令第20条において準用する令第18条第3号により(ア)で確認した所有権の登記名義人又は表題部所有者その他(ア)又は(イ)により判明した当該農地等の違反転用者等と思料される者（以下「登記名義人等」という。）が記録されている住民基本台帳を備えると思料される市町村の長に対し、不確知違反転用者等関連情報の提供を求める。

(エ) 登記名義人等の死亡が判明した場合には、令第20条において準用する令第18条第4号により、当該登記名義人等が記録されている戸籍簿又は除籍簿を備えると思料される市町村の長に対し、当該登記名義人等が記載されている戸籍謄本又は除籍謄本の交付を請求し、当該登記名義人等の相続人を確認する。

次に、確認した相続人が記録されている戸籍簿又は除籍簿を備えると思料される市町村の長に対し、当該相続人の戸籍の附票の写し又は消除された戸籍の附票の写しの交付を請求する。

(オ) 登記名義人等が法人である場合には、当該法人の登記簿を備えると思料される登記所の登記官に対し、当該法人の登記事項証明書の交付を請求することにより、法人の名称及び住所を確認する。また、法人が合併により解散した場合にあっては、合併後存続し、又は合併により設立された法人が記録されている法人の登記簿を備えると思料される登記所の登記官に対し、当該法人の登記事項証明書を請求することにより、合併後の法人の住所を確認する。合併以外の理由により解散した場合にあっては、当該法人の登記事項証明書に記載されている清算人を確認し、書面の送付などの措置によって、不確知違反転用者等関連情報の提供を求める。

(カ) 令第20条において準用する令第18条第5号により(ア)から(オ)までの措置により判明した違反転用者等と思料される者（(オ)の場合にあっては、法人又は法人の役員）に対して、書留郵便その他配達を試みたことを証明することができる方法による書面の送付を行い、違反転用者等を特定する。なお、送付する住所が当該農地等の所在する市町村内の場合には、訪問により代えることができる。

イ 事前準備

都道府県知事等は、法第51条第3項の規定により行政代執行を行う場合には、あらかじめ次に掲げる準備をすることが適当と考えられる。

(ア) 行政代執行に際し、違反転用者等による妨害等が予想される場合等には、必要に応じ、警察の協力を得るための手続を執ること。

(イ) 行政代執行の内容、方法、工程、要する経費等を記載した代執行計画を作成すること。

(ウ) 行政代執行に係る工事を業者に発注する場合には、時間的に余裕を持って会計担当部局と調整すること。

(エ) 開発許可がなされた土地において行政代執行を行う場合には、その内容及び実施時期等を開発許可権者に連絡すること。

ウ 行政代執行の実施

都道府県知事等は、行政代執行の実施に当たっては、後日違反転用者等から説明を求められる場合等に備えて、代執行前、代執行作業中、代執行後の写真を撮影するなど、代執行の実施状況、経過等が分かる記録を必ず残すことが適当と考えられる。

また、都道府県知事等は、行政代執行の実施に当たっては、行政代執行法（昭和23年法律第43号）第4条の規定の例により、当該処分のために現場に派遣される執行責任者に対し、本人であることを示す証明書を携帯させ、要求があるときは、いつでもこれを提示させることが適当と考えられる。

エ 行政代執行に要する費用の徴収

都道府県知事等が行政代執行を行ったことにより違反転用者等に負担させる費用の徴収については、行政代執行法第5条及び第6条の規定を準用することとされていることから、実際に要した費用の額及びこれを納付すべき期日を定め、違反転用者等に対し、文書をもってその納付を命ずることが適当と考えられる。なお、当該文書には、1の(5)のウの教示文を記載することが適当と考えられる。

(3) 農地転用許可後の転用事業の促進措置

ア 農地転用許可後の転用事業の進捗状況の把握

(ア) 農地転用許可権者は、農地転用許可を受けた転用事業者がその許可に付された条件に基づく転用事業の進捗状況の報告を遅滞したときはその進捗状況の報告を、事業計画どおり転用事業に着手していないと認められるときはその理由の報告を、それぞれ文書により督促する。

なお、督促後も転用事業の進捗状況を記載した書面等を提出しない転用事業者については、その者から事情を聴取し、必要に応じて現地調査を行うこと等により、転用事業の進捗状況の把握に努めることが適当と考えられる。

(イ) 農地転用許可権者は、許可処分を行った事案について、その概要を整理し、当該転用事業が完了するまでの間保存し、当該転用事業の進捗状況、事業進捗状況報告書の提出状況等の把握及び提出の督促、事業計画に従った事業実施の指導・勧告等を行うに際してこれを活用する。

なお、これらについては、様式例第4号の15の進捗状況管理表により、当該転用事業の進捗状況等について管理することが望ましい。

イ　事業実施の指導・勧告

(ア)　農地転用許可権者は、次に掲げる場合には、速やかに事業計画どおり事業を行うべき旨を文書により指導し、その指導に従わない場合には、事業計画どおり事業を行うべき旨及び行わない場合には許可処分を取り消すことがある旨を勧告する。

a　事業計画に定められた転用事業の着手時期（期別の事業計画によるものにあっては、期別の転用事業の着手時期）から３か月以上経過してもなお転用事業に着手していない場合

b　事業計画に定められた事業期間の中間時点（期別の事業計画によるものにあっては、期別の事業期間の中間時点）において、転用事業に着手されているものの、その進捗度合が事業計画に定める中間時点における達成度合に比べておおむね３割以上遅れていると認められる場合

c　事業計画に定められた完了時期（期別の事業計画によるものにあっては、期別の転用事業の完了時期）から３か月以上経過してもなお転用事業が完了していない場合

(イ)　なお、農地転用許可権者は、許可申請書に記載された事業計画の変更を行えば、当初の転用目的を実現する見込みがあると認められるものについては、転用事業者に対し、(ア)による勧告に代えてオによる事業計画の変更の手続を執らせるよう指導することが適当と考えられる。

ウ　事業実施の勧告後の措置

(ア)　イの(ア)による勧告を受けた者が、当該勧告の内容に従って事業計画の過半について工事を完了しない限り、新たに別の農地転用の許可申請があっても、当該許可申請に係る事業実施の確実性は極めて乏しいと認められることから、農地転用許可は行わないことが望ましい。ただし、農地転用許可後において他法令による許可、認可等を要することとなった場合、埋蔵文化財が発見されその発掘を要することとなった場合、非常災害による場合等勧告を受けた者の責に帰することができないやむを得ない事情により事業計画に従った工事が遅延していると認められる場合には、この限りでない。

また、イの(ア)による勧告を受けた者から新たに農地転用の許可申請があった場合には、当該許可申請を受けた農地転用許可権者は、当該勧告を行った農地転用許可権者に対し、勧告後の転用事業の進捗状況等を確認した上で、当該許可の可否を判断することが適当と考えられる。

(イ)　イの(ア)による勧告を行った後も転用事業者が事業計画どおりに転用事業を行っていない場合において、当該転用事業を完了させる見込みがないと認められるときは、農地転用許可権者は、法第 51 条第１項の規定による許可の取消し等の処分を行うか否かについて検討する。

なお、法第 51 条第１項の規定による許可の取消し等の処分を行うことが困難又は不適当と認められる場合には、転用事業者に対し、当該処分に代えてエによる事業計画の変更の手続を執らせるよう指導することが適当と考えられる。

エ　許可目的の達成が困難な場合における事業計画の変更

農地転用許可権者は、ア及びイによる転用事業の促進措置を講じてもなお許可目的を達成することが困難と認められる事案につき、法第 51 条第１項の規定による許可の取消し等の処分が困難又は不適当と認められる場合において、転用事業者が許可目的の変更を希望するとき又は当該転用事業者に代わって当該許可に係る土地について転用を希望する者（以下「承継者」という。）があるときは、次により処理することが望ましい。

(ア)　事業計画の変更の承認

農地転用許可権者は、転用事業者に（承継者がある場合にあっては、転用事業者及び承継者の連署をもって）事業計画の変更の申請を行わせ、当該申請が次の全てに該当するときは、これを承認することができる。

a　農地転用許可の取消処分を行っても、その土地が旧所有者（転用事業者が所有権以外の権原に基づき転用事業に供するものである場合にあっ

ては、所有者。以下同じ。）によって農地等として効率的に利用されるとは認められないこと。

b　許可目的の達成が困難になったことが転用事業者の故意又は重大な過失によるものでないと認められること。

c　変更後の転用事業が変更前の転用事業に比べて、それと同程度又はそれ以上の緊急性及び必要性があると認められること。

d　変更後の転用事業がその事業計画に従って実施されることが確実であると認められること。

e　変更後の転用事業により周辺の地域における農業等に及ぼす影響が、変更前の転用事業による影響に比べてそれと同程度又はそれ以下であると認められること。

f　ａからｅまでに掲げるもののほか、変更後の転用事業が農地転用許可基準により許可相当であると認められるものであること。

(イ)　事業計画の変更の申請の手続

a　事業計画変更申請書（以下「申請書」という。）については、法第４条第２項又は第５条第３項の規定の例により処理する。

b　申請書には、次に掲げる事項を記載させる。

(a)　申請者の氏名、住所及び職業（法人にあっては、名称、主たる事務所の所在地、業務の内容及び代表者の氏名）

(b)　土地の所在、地番、地目及び面積

(c)　変更前の事業計画に従った転用事業の実施状況

(d)　転用事業者が変更前の事業計画どおりに転用事業を遂行することができない理由

(e)　変更後の転用事業が変更前の転用事業に比し、同等又はそれ以上の緊急性及び必要性があることの説明

(f)　変更後の事業計画の詳細

(g)　変更後の転用事業に係る資金計画及びその調達計画

(h)　変更後の転用事業によって生ずる付近の土地、作物、家畜等の被害防除施設の概要

(i)　その他参考となるべき事項

c　申請書には、次に掲げる書類を添付させる。なお、転用事業者が転用目的の変更申請をする場合には、(a)から(d)までに掲げる書類の添付を要しない。

(a)　法人にあっては、定款又は寄附行為及び法人の登記事項証明書

(b)　申請に係る土地の登記事項証明書（全部事項証明書又は現在事項証明書に限る。）

(c)　申請に係る土地の地番を表示する図面

(d)　位置及び付近の状況を表示する図面（縮尺は、10,000 分の１ないし 50,000 分の１程度）

(e)　変更後に建設しようとする建物又は施設の面積、配置及び施設物間の距離を表示する図面（縮尺は、500 分の１ないし 2,000 分の１程度。当該事業に関連する設計書等の既存の書類の写しを活用させることも可能である。）

(f)　当該事業を実施するために必要な資力があることを証する書面（金融機関等が発行した融資を行うことを証する書面や預貯金通帳の写し（農地転用許可を申請する者のものに限る。）を活用させることも可能である。）

(g)　変更後の転用事業に関連して他法令の定めるところにより許可、認可、関係機関の議決等を要する場合において、これを了しているときは、その旨を証する書面

(h)　変更前の事業計画について関係者の同意若しくは意見（例えば、取水、排水等についての水利権者、漁業権者、土地改良区等の同意又は意見）を得ている場合又は変更後の事業計画について関係者の同意若しくは意見を新たに求める必要がある場合には、当該事業計画の変更についてのこれらの者の同意書又は意見書の写し

(i)　変更前の事業計画について地方公共団体が財政補助等の形で関与

している場合には、事業計画の変更及びこれに伴う影響についての当該地方公共団体の長の意見書

(j) 転用事業者が変更前の事業計画について旧所有者に対して雇用予約、施設の利用予約等の債務を有している場合には、当該債務の処理についての関係者の取決め書の写し及び旧所有者の事業計画変更についての同意書

(k) 事業計画の変更についての関係地元民の意向及びこれに対する申請者の見解

d 農地転用許可権者の処理

農地転用許可権者は、申請書を受理したときは、その内容を審査し、必要に応じ、現地調査等を行った上で、承認又は不承認を決定する。承認又は不承認を決定したときは、その旨を申請者に通知するとともに、関係農業委員会に対し、その旨を連絡することが適当と考えられる。

(ウ) 転用許可申請

農地転用許可権者は、(ア)により事業計画の変更の承認を受けた申請者に対し、当該承認に係る土地の権利の設定又は移転について法第5条第1項の許可を要するときは、改めて同項の許可申請手続を行うよう指導することが適当と考えられる。

オ 転用目的の達成が可能な場合における事業計画の変更

農地転用許可権者は、イの(イ)により事業計画の変更を指導した事案及び転用事業者が許可申請書に記載された事業計画等の変更を行えば転用目的を実現することができるものとして農地転用許可に係る事業計画の変更を希望している事案については、次により処理することが適当と考えられる。

(ア) 事業計画の変更の承認

農地転用許可権者は、転用事業者に事業計画の変更の申請を行わせ、エの(ア)のdからfまでに掲げる事項の全てに該当するときは、これを承認することができる。

(イ) 事業計画の変更の申請の手続

a 申請書については、エの(イ)のaと同様の取扱いとする。

b 申請書に記載する事項

申請書には、農地転用許可に係る許可申請書の変更部分を明らかにさせた上で、エの(イ)のbの(a)、(c)、(d)、(f)、(g)、(h)及び(i)に掲げる事項を記載させる。

c 申請書に添付する書類

申請書には、エの(イ)のcの(e)から(j)までに掲げる書類を添付させる。

d 農地転用許可権者の処理

農地転用許可権者は、エの(イ)のdと同様の処理を行う。

カ 農地転用許可を要しない転用事業の変更又は中断

特定地方公共団体（地方公共団体のうち、都道府県及び指定市町村を除いたものをいう。以下このカにおいて同じ。）は、農業振興地域整備計画その他の土地利用に関する計画との調和を図りつつ、農地転用許可基準に即した適切かつ合理的な土地利用が確保されることを前提として、則第29条第6号又は第53条第5号に規定する施設の敷地に供するため農地等を転用するときは、農地転用許可を要しないこととされている。このため、特定地方公共団体が農地転用許可を要しない転用事業を行う場合であっても、あらかじめ農地転用許可権者に相談を行うことが望ましい。

また、特定地方公共団体が、農地転用許可を要しない転用事業に係る土地について、当初の転用目的を変更し、若しくは転用事業を行おうとする第三者に所有権を移転し、若しくは使用収益権を設定し、若しくは移転する場合（以下「転用目的の変更等を行う場合」という。）又は転用事業を中止する場合には、次により処理することが望ましい。

(ア) 転用目的の変更等を行う場合

a 特定地方公共団体は、転用目的の変更等を行う場合には、転用事業者の氏名（法人にあっては、名称）のほか、エの(イ)のbの(b)から(i)までに掲げる事項を記載した書面に、位置及び付近の状況を表示する図面、転用目的の変更前及び変更後の建物又は施設の面積、配置及び施設物間の距離を表示する図面等を添付して、農地転用許可権者に報告すること。

b　農地転用許可権者は、aの報告を受けた場合であって、当該報告の内容が次の全てに該当し、かつ、変更後の転用事業が農地転用許可を要する場合に該当するときは、1の(1)又は(2)により許可申請を行わせること（申請に必要な書類であってaの報告時に添付したものに変更がない場合には、当該書類をもって代えることができる。）。なお、変更後に農地転用許可できない場合には、(イ)のbにより処理すること。

(a)　当該土地が旧所有者によって農地等として効率的に利用されるとは認められないこと。

(b)　当初の転用目的の達成が困難になったことが当該特定地方公共団体の故意又は重大な過失によるものではないと認められること。

(c)　変更後の転用事業が変更前の転用事業に比べて、それと同程度又はそれ以上の緊急性及び必要性があると認められること。

(d)　変更後の転用事業がその転用目的に従って実施されることが確実であると認められること。

(e)　変更後の転用事業により周辺の地域における農業等に及ぼす影響が、変更前の転用事業による影響に比べてそれと同程度又はそれ以下であると認められること。

(f)　(a)から(e)までに掲げるもののほか、変更後の転用事業が農地転用許可基準により許可相当であると認められるものであること。

(イ)　転用事業を中止する場合

a　特定地方公共団体は、転用事業を中止する場合には、農地転用許可権者にその旨を書面により報告すること。

b　農地転用許可権者は、aの報告を受けた場合には、将来の当該土地の利用見込み等を当該特定地方公共団体と協議し、必要な措置を講ずること。

7　是正の要求等

(1)　農地転用許可事務実態調査

本調査は、都道府県知事等が行う農地転用許可事務の適正な処理を確保するため、国が、毎年、実施するものであり、本調査の結果、必要と認められる場合には、(2)による是正の要求等を行うものである。また、本調査は、次に掲げるところにより実施することを基本とするが、その詳細は、アの(イ)のaの重点課題等を踏まえて別途定めるものとする。

なお、本調査のために行う都道府県知事等に対する資料の提出の要求は、地方自治法第245条の4の規定による。

ア　実態調査の実施

(ア)　調査対象

本調査は、都道府県知事等が行う農地転用許可事務を対象とする。

(イ)　調査方法

調査の方法は、次に掲げるとおりとする。

a　毎年、重点課題を定めた上で実施する。

b　都道府県知事等が行う農地転用許可事務に係る処分のうち1都道府県当たり平均50件を抽出して調査する。

c　農村振興局及び地方農政局（沖縄県にあっては内閣府沖縄総合事務局。以下7において同じ。）の農地転用担当者がbにより抽出された処分に係る関係書類等を閲覧して行う。なお、必要に応じ、関係書類等の提供を求める。

(ウ)　調査事項

調査事項は、次に掲げるとおりとする。

a　農地転用許可基準に適合しているか

b　所要の添付書類が整っているか

c　農地転用許可後の転用事業の進捗状況及びその完了が報告されているか

d　その他

イ　調査結果の取りまとめ

地方農政局長（沖縄県にあっては、内閣府沖縄総合事務局長。以下7において同じ。）は、本調査の結果を基に農村振興局長と調整した上で、次に該当する事案を取りまとめる。

(ア)　本来ならば農地転用許可をすることができない事案であるにもかかわらず当該許可をしている等、農地等の確保

に支障を生じさせていることが疑われる事案

(イ) (ア)について、都道府県又は指定市町村に見解を求め、その見解を踏まえた上で、なお疑義が解消されない事案（以下「不適切事案」という。）

ウ　調査結果の報告

地方農政局長は、イにより取りまとめた結果を農村振興局長に報告する。

エ　調査結果の公表

農村振興局長は、北海道において自ら行った本調査の結果及びウにより報告を受けた調査結果を取りまとめ、公表する。

なお、地方農政局長は、本調査の実施に当たり、調査結果について公表される旨都道府県又は指定市町村に通知する。

(2) 是正の要求等

ア　是正のための助言又は勧告

(ア) 地方農政局長等は、(1)の調査の結果、都道府県知事等が行う農地転用許可事務に不適切事案がみられた場合には、その解消に向け都道府県知事等が将来講ずべき措置の内容を検討する。

(イ) 地方農政局長等は、不適切事案がみられた都道府県又は指定市町村に対し、(ア)により検討した都道府県知事等が講ずべき措置の内容を示して地方自治法第245条の4第1項の規定により、是正のための助言又は勧告を行うことができる。

この場合、期限を定めて対応方針についての回答を求めることとする。

(ウ) 地方農政局長等は、(イ)のほか、不適切事案がみられる指定市町村に対し、(ア)により検討した当該指定市町村が講ずべき措置の内容を示して地方自治法第245条の4第2項の規定により、是正のための助言又は勧告を行うよう、都道府県知事に指示することができる。

この場合、期限を定めて対応方針についての回答を求めることとする。

イ　是正の要求

地方農政局長等は、アの(イ)による是正のための助言又は勧告を受けた都道府県から期限までに対応方針についての回答がない場合、対応方針の回答が十分でない場合又は回答のあった対応方針どおりの対応がされていない場合には、地方自治法第245条の5第1項の規定により、当該都道府県に対して是正の要求を行うことができる。

ウ　是正の要求の指示

地方農政局長等は、アの(ウ)による是正のための助言又は勧告に関する指示を受けた都道府県経由で当該助言又は勧告を受けた指定市町村から期限までに対応方針についての回答がない場合、対応方針についての回答が十分でない場合又は回答のあった対応方針どおりの対応がされていない場合には、地方自治法第245条の5第2項の規定により、当該指定市町村に対して是正の要求を行うよう、都道府県知事に指示することができる。

エ　その他の留意事項

地方農政局長は、アからウまでにより是正のための助言若しくは勧告若しくは必要な指示又は是正の要求若しくは是正の要求の指示を行った場合には、農村振興局長に報告する。また、これらに対する都道府県又は指定市町村からの対応方針が提出された場合にも、農村振興局長に報告する。

オ　情報の共有

農村振興局長は、自らが是正の要求等を行ったもの及びエによる報告を受けたもののうち、他の都道府県又は市町村において同様の事態が生ずることのないようにする観点から特に必要があると認められるものに係る情報を取りまとめ、公表する。

農地転用及び農業振興地域制度に係る相談・苦情処理窓口の設置について

（平成９年12月１日付け９構改Ｂ第1151号
農林水産省構造改善局長通知
最終改正：平成28年3月30日・27農振第2452号）

平成９年11月18日に経済対策閣僚会議において「21世紀を切りひらく緊急経済対策」が決定され、この中で農地転用の円滑化を図ることとされた。

ついては、農林水産省農村振興局（農村政策部農村計画課）、地方農政局（農村計画部農村振興課）及び沖縄総合事務局（農林水産部経営

課）に農地転用及び農業振興地域の農用地区域の除外に関する相談・苦情処理窓口を設けることとしたので、下記により適切な事務の処理が図られるようにされたい。

なお、都道府県及び農業委員会においても同様の体制の整備を図るとともに、その趣旨に沿って適切な事務の処置が図られるようにされたい。

おって、上記については、貴職から貴管内都府県知事に対し通達するとともに、都府県知事においては通達の内容を管内農業委員会へ指導するよう併せて通知願いたい。

記

1　相談・苦情処理窓口の設置

⑴　農地転用及び農業振興地域の農用地区域からの除外に関する相談・苦情処理窓口を早急に設けることとし、農地転用の事前相談等に幅広く応ずるとともに、必要な情報の提供を積極的に行うものとする。

また、相談等の内容が関係機関の不適切な対応等によるものであるときは、地方農政局長（北海道にあっては農村振興局長、沖縄県にあっては内閣府沖縄総合事務局長、以下同じ。）は、当該関係機関に対し適切な対応を行うよう指導することとされたい。

⑵　相談・苦情処理窓口を開設したこと及びその趣旨等については、諸会議、広報等を通じてその普及、徹底に努めるものとする。

2　相談等の内容が農業振興地域制度の運用等に係わるものである場合には、関係部局との連携を図りながら相談に応ずるものとする。

3　相談等の内容及びそれに対する回答の内容等については、別添「農地転用相談処理カード」により整理しておくものとし、相談等が文書によって行われたときは、文書をもって速やかに回答することとする。

なお、地方農政局長は、当該「農地転用相談処理カード」の写しを相談等の内容が都道府県知事の処理権限に属するものについては、都道府県農地転用担当部局又は相談等の内容が指定市町村（農地法（昭和27年法律第229号）第4条第1項に規定する指定市町村をいう。）の長の処理権限に属するものについては、指定市町村農地転用担当部局に送付するものとし、同カード送付後の事務処理については、その連絡等を相互に密にして円滑かつ的確に対応することとする。

別添　略

農業振興地域の整備に関する法律（抄）

〔昭和44年7月1日法律第58号
最終改正：令和元年5月24日法律第12号〕

（目的）

第1条　この法律は、自然的経済的社会的諸条件を考慮して総合的に農業の振興を図ることが必要であると認められる地域について、その地域の整備に関し必要な施策を計画的に推進するための措置を講ずることにより、農業の健全な発展を図るとともに、国土資源の合理的な利用に寄与することを目的とする。

（定義）

第3条　この法律において「農用地等」とは、次に掲げる土地をいう。

一　耕作の目的又は主として耕作若しくは養畜の業務のための採草若しくは家畜の放牧の目的に供される土地（以下「農用地」という。）

二　木竹の生育に供され、併せて耕作又は養畜の業務のための採草又は家畜の放牧の目的に供される土地（農用地を除く。）

三　農用地又は前号に掲げる土地の保全又は利用上必要な施設の用に供される土地

四　耕作又は養畜の業務のために必要な農業用施設（前号の施設を除く。）で農林水産省令で定めるものの用に供される土地

（農業振興地域の指定）

第6条　都道府県知事は、農業振興地域整備基本方針に基づき、一定の地域を農業振興地域として指定するものとする。

2　農業振興地域の指定は、その自然的経済的社会的諸条件を考慮して一体として農業の振興を図ることが相当であると認められる地域で、次に掲げる要件のすべてをそなえるものについて、するものとする。

一　その地域内にある土地の自然的条件及びその利用の動向からみて、農用地等として利用すべき相当規模の土地があること。

二　その地域における農業就業人口その他の農業経営に関する基本的条件の現況及び将

来の見通しに照らし、その地域内における農業の生産性の向上その他農業経営の近代化が図られる見込みが確実であること。

三　国土資源の合理的な利用の見地からみて、その地域内にある土地の農業上の利用の高度化を図ることが相当であると認められること。

3　農業振興地域の指定は、都市計画法（昭和43年法律第100号）第7条第1項の市街化区域と定められた区域（同法第23条第1項の規定による協議を要する場合にあつては、当該協議が調つたものに限る。）については、してはならない。

4　都道府県知事は、農業振興地域を指定しようとするときは、関係市町村に協議しなければならない。

5　農業振興地域の指定は、農林水産省令で定めるところにより、公告してしなければならない。

6　都道府県知事は、農業振興地域を指定したときは、農林水産省令で定めるところにより、遅滞なく、その旨を農林水産大臣に報告しなければならない。

（市町村の定める農業振興地域整備計画）

第8条　都道府県知事の指定した一の農業振興地域の区域の全部又は一部がその区域内にある市町村は、政令で定めるところにより、その区域内にある農業振興地域について農業振興地域整備計画を定めなければならない。

2　農業振興地域整備計画においては、次に掲げる事項を定めるものとする。

一　農用地等として利用すべき土地の区域（以下「農用地区域」という。）及びその区域内にある土地の農業上の用途区分

二　農業生産の基盤の整備及び開発に関する事項

二の二　農用地等の保全に関する事項

三　農業経営の規模の拡大及び農用地等又は農用地等とすることが適当な土地の農業上の効率的かつ総合的な利用の促進のためのこれらの土地に関する権利の取得の円滑化その他農業上の利用の調整（農業者が自主的な努力により相互に協力して行う調整を含む。）に関する事項

四　農業の近代化のための施設の整備に関する事項

四の二　農業を担うべき者の育成及び確保のための施設の整備に関する事項

五　農業従事者の安定的な就業の促進に関する事項で、農業経営の規模の拡大及び農用地等又は農用地等とすることが適当な土地の農業上の効率的かつ総合的な利用の促進と相まつて推進するもの

六　農業構造の改善を図ることを目的とする主として農業従事者の良好な生活環境を確保するための施設の整備に関する事項

3　農業の振興が森林の整備その他林業の振興と密接に関連する農業振興地域における農業振興地域整備計画にあつては、前項第2号から第6号までに掲げる事項を定めるに当たり、あわせて森林の整備その他林業の振興との関連をも定めるものとする。

4　市町村は、第1項の規定により農業振興地域整備計画を定めようとするときは、政令で定めるところにより、当該農業振興地域整備計画のうち第2項第1号に掲げる事項に係るもの（以下「農用地利用計画」という。）について、都道府県知事に協議し、この同意を得なければならない。

（農用地区域内における開発行為の制限）

第15条の2　農用地区域内において開発行為（宅地の造成、土石の採取その他の土地の形質の変更又は建築物その他の工作物の新築、改築若しくは増築をいう。以下同じ。）をしようとする者は、あらかじめ、農林水産省令で定めるところにより、都道府県知事（農用地の農業上の効率的かつ総合的な利用の確保に関する施策の実施状況を考慮して農林水産大臣が指定する市町村（以下この条において「指定市町村」という。）の区域内にあつては、指定市町村の長。以下「都道府県知事等」という。）の許可を受けなければならない。ただし、次の各号のいずれかに該当する行為については、この限りでない。

一　国又は地方公共団体が道路、農業用用排水施設その他の地域振興上又は農業振興上の必要性が高いと認められる施設であつて農林水産省令で定めるものの用に供するために行う行為

二　土地改良法第2条第2項に規定する土地改良事業の施行として行う行為

三　農地法（昭和27年法律第229号）第4条第1項又は第5条第1項の許可に係る土地をその許可に係る目的に供するために行う行為

四　農地法第2条第1項に規定する農地を同

法第43条第１項の規定による届出に係る同条第２項に規定する農作物栽培高度化施設の用に供するために行う行為

五　農業経営基盤強化促進法（昭和55年法律第65号）第19条の規定による公告があつた農用地利用集積計画の定めるところによつて設定され、又は移転された同法第４条第３項第１号の権利に係る土地を当該農用地利用集積計画に定める利用目的に供するために行う行為

六　農地中間管理事業の推進に関する法律（平成25年法律第101号）第18条第７項の規定による公告があつた農用地利用配分計画の定めるところによつて設定され、又は移転された賃借権又は使用貸借による権利に係る土地を当該農用地利用配分計画に定める利用目的に供するために行う行為

七　特定農山村地域における農林業等の活性化のための基盤整備の促進に関する法律（平成５年法律第72号）第９条第１項の規定による公告があつた所有権移転等促進計画の定めるところによつて設定され、又は移転された同法第２条第３項第３号の権利に係る土地を当該所有権移転等促進計画に定める利用目的に供するために行う行為

八　農山漁村の活性化のための定住等及び地域間交流の促進に関する法律（平成19年法律第48号）第８条第１項の規定による公告があつた所有権移転等促進計画の定めるところによつて設定され、又は移転された同法第５条第８項の権利に係る土地を当該所有権移転等促進計画に定める利用目的に供するために行う行為

九　通常の管理行為、軽易な行為その他の行為で農林水産省令で定めるもの

十　非常災害のために必要な応急措置として行う行為

十一　公益性が特に高いと認められる事業の実施に係る行為のうち農業振興地域整備計画の達成に著しい支障を及ぼすおそれが少ないと認められるもので農林水産省令で定めるもの

十二　農用地区域が定められ、又は拡張された際既に着手していた行為

2　前項の許可の申請は、当該開発行為に係る土地の所在地を管轄する市町村長を経由してしなければならない。ただし、当該市町村長が指定市町村の長である場合は、この限りでない。

3　市町村長（指定市町村の長を除く。）は、前項の規定により許可の申請書を受理したときは、遅滞なく、これを都道府県知事に送付しなければならない。この場合において、当該市町村長は、当該申請書に意見を付すことができる。

4　都道府県知事等は、第１項の許可の申請があつた場合において、次の各号のいずれかに該当すると認めるときは、これを許可してはならない。

一　当該開発行為により当該開発行為に係る土地を農用地等として利用することが困難となるため、農業振興地域整備計画の達成に支障を及ぼすおそれがあること。

二　当該開発行為により当該開発行為に係る土地の周辺の農用地等において土砂の流出又は崩壊その他の耕作又は養畜の業務に著しい支障を及ぼす災害を発生させるおそれがあること。

三　当該開発行為により当該開発行為に係る土地の周辺の農用地等に係る農業用用排水施設の有する機能に著しい支障を及ぼすおそれがあること。

5　第１項の許可には、当該開発行為に係る土地及びその周辺の農用地等の農業上の利用を確保するために必要な限度において、条件を付することができる。

6　都道府県知事等は、第１項の許可をしようとするとき（当該許可に係る開発行為が30アールを超える農地法第２条第１項に規定する農地が含まれる土地に係るものであるときに限る。）は、あらかじめ、農業委員会等に関する法律（昭和26年法律第88号）第43条第１項に規定する都道府県機構（次項において「都道府県機構」という。）の意見を聴かなければならない。ただし、同法第42条第１項の規定による都道府県知事の指定がされていない場合は、この限りでない。

7　前項に規定するもののほか、都道府県知事等は、第１項の許可をするため必要があると認めるときは、都道府県機構の意見を聴くことができる。

8　国又は地方公共団体が農用地区域内において開発行為（第１項各号のいずれかに該当する行為を除く。）をしようとする場合においては、国又は地方公共団体と都道府県知事等との協議が成立することをもつて同項の許可があつたものとみなす。

9　第６項及び第７項の規定は、前項の協議を

成立させようとする場合について準用する。

10　第１項に規定するもののほか、指定市町村の指定及びその取消しに関し必要な事項は、政令で定める。

（監督処分）

第15条の３　都道府県知事等は、開発行為に係る土地及びその周辺の農用地等の農業上の利用を確保するために必要な限度において、前条第１項の規定に違反した者若しくは同項の許可に付した同条第５項の条件に違反して開発行為をした者又は偽りその他の不正な手段により同条第１項の許可を受けて開発行為をした者に対し、その開発行為の中止を命じ、又は期間を定めて復旧に必要な行為をすべき旨を命ずることができる。

（農地等の転用の制限）

第17条　都道府県知事及び農地法第４条第１項に規定する指定市町村の長は、農用地区域内にある同法第２条第１項に規定する農地及び採草放牧地についての同法第４条第１項及び第５条第１項の許可に関する処分を行うに当たつては、これらの土地が農用地利用計画において指定された用途以外の用途に供されないようにしなければならない。

都市計画法（抄）

〔昭和43年６月15日法律第100号
最終改正：令和２年6月10日法律第41号〕

（区域区分）

第７条　都市計画区域について無秩序な市街化を防止し、計画的な市街化を図るため必要があるときは、都市計画に、市街化区域と市街化調整区域との区分（以下「区域区分」という。）を定めることができる。ただし、次に掲げる都市計画区域については、区域区分を定めるものとする。

一　次に掲げる土地の区域の全部又は一部を含む都市計画区域

イ　首都圏整備法第２条第３項に規定する既成市街地又は同条第４項に規定する近郊整備地帯

ロ　近畿圏整備法第２条第３項に規定する既成都市区域又は同条第４項に規定する近郊整備区域

ハ　中部圏開発整備法第２条第３項に規定する都市整備区域

二　前号に掲げるもののほか、大都市に係る都市計画区域として政令で定めるもの

2　市街化区域は、すでに市街地を形成している区域及びおおむね10年以内に優先的かつ計画的に市街化を図るべき区域とする。

3　市街化調整区域は、市街化を抑制すべき区域とする。

（他の行政機関等との調整等）

第23条　国土交通大臣が都市計画区域の整備、開発及び保全の方針（第６条の２第２項第１号に掲げる事項に限る。以下この条及び第24条第３項において同じ。）若しくは区域区分に関する都市計画を定め、若しくはその決定若しくは変更に同意しようとするとき、又は都道府県が都市計画区域の整備、開発及び保全の方針若しくは区域区分に関する都市計画を定めようとするとき（国土交通大臣の同意を要するときを除く。）は、国土交通大臣又は都道府県は、あらかじめ、農林水産大臣に協議しなければならない。

ただし、国土交通大臣が区域区分に関する都市計画を定め、若しくはその決定若しくは変更に同意しようとする場合又は都道府県が区域区分に関する都市計画を定めようとする場合（国土交通大臣の同意を要する場合を除く。）にあつては、当該区域区分により市街化区域に定められることとなる土地の区域に農業振興地域の整備に関する法律第８条第２項第１号に規定する農用地区域その他政令で定める土地の区域が含まれるときに限る。

（開発行為の許可）

第29条　都市計画区域又は準都市計画区域内において開発行為をしようとする者は、あらかじめ、国土交通省令で定めるところにより、都道府県知事（地方自治法（昭和22年法律第67号）第252条の19第１項の指定都市、同法第252条の22第１項の中核市（以下「指定都市等という。」の区域内にあつては、当該指定都市等の長。以下この節において同じ。）の許可を受けなければならない。ただし、次に掲げる開発行為については、この限りでない。

一　市街化区域、区域区分が定められていない都市計画区域又は準都市計画区域内にお

いて行う開発行為で、その規模が、それぞれの区域の区分に応じて政令で定める規模未満であるもの

二　市街化調整区域、区域区分が定められていない都市計画区域又は準都市計画区域内において行う開発行為で、農業、林業若しくは漁業の用に供する政令で定める建築物又はこれらの業務を営む者の居住の用に供する建築物の建築の用に供する目的で行うもの

三　駅舎その他の鉄道の施設、図書館、公民館、変電所その他これらに類する公益上必要な建築物のうち開発区域及びその周辺の地域における適正かつ合理的な土地利用及び環境の保全を図る上で支障がないものとして政令で定める建築物の建築の用に供する目的で行う開発行為

四　都市計画事業の施行として行う開発行為

五　土地区画整理事業の施行として行う開発行為

六　市街地再開発事業の施行として行う開発行為

七　住宅街区整備事業の施行として行う開発行為

八　防災街区整備事業の施行として行う開発行為

九　公有水面埋立法（大正10年法律第57号）第２条第１項の免許を受けた埋立地であつて、まだ同法第22条第２項の告示がないものにおいて行う開発行為

十　非常災害のため必要な応急措置として行う開発行為

十一　通常の管理行為、軽易な行為その他の行為で政令で定めるもの

2　都市計画区域及び準都市計画区域外の区域内において、それにより一定の市街地を形成すると見込まれる規模として政令で定める規模以上の開発行為をしようとする者は、あらかじめ、国土交通省令で定めるところにより、都道府県知事の許可を受けなければならない。ただし、次に掲げる開発行為については、この限りでない。

一　農業、林業若しくは漁業の用に供する政令で定める建築物又はこれらの業務を営む者の居住の用に供する建築物の建築の用に供する目的で行う開発行為

二　前項第３号、第４号及び第９号から第11号までに掲げる開発行為

3　開発区域が、市街化区域、区域区分が定められていない都市計画区域、準都市計画区域又は都市計画区域及び準都市計画区域外の区域のうち２以上の区域にわたる場合における第１項第１号及び前項の規定の適用については、政令で定める。

第34条　前条の規定にかかわらず、市街化調整区域に係る開発行為（主として第２種特定工作物の建設の用に供する目的で行う開発行為を除く。）については、当該申請に係る開発行為及びその申請の手続が同条に定める要件に該当するほか、当該申請に係る開発行為が次の各号のいずれかに該当すると認める場合でなければ、都道府県知事は、開発許可をしてはならない。

一　主として当該開発区域の周辺の地域において居住している者の利用に供する政令で定める公益上必要な建築物又はこれらの者の日常生活のため必要な物品の販売、加工若しくは修理その他の業務を営む店舗、事業場その他これらに類する建築物の建築の用に供する目的で行う開発行為

二　市街化調整区域内に存する鉱物資源、観光資源その他の資源の有効な利用上必要な建築物又は第１種特定工作物の建築又は建設の用に供する目的で行う開発行為

三　温度、湿度、空気等について特別の条件を必要とする政令で定める事業の用に供する建築物又は第１種特定工作物で、当該特別の条件を必要とするため市街化区域内において建築し、又は建設することが困難なものの建築又は建設の用に供する目的で行う開発行為

四　農業、林業若しくは漁業の用に供する建築物で第29条第１項第２号の政令で定める建築物以外のものの建築又は市街化調整区域内において生産される農産物、林産物若しくは水産物の処理、貯蔵若しくは加工に必要な建築物若しくは第１種特定工作物の建築若しくは建設の用に供する目的で行う開発行為

五　特定農山村地域における農林業等の活性化のための基盤整備の促進に関する法律（平成５年法律第72号）第９条第１項の規定による公告があつた所有権移転等促進計画の定めるところによつて設定され、又は移転された同法第２条第３項第３号の権利に係る土地において当該所有権移転等促進計画に定める利用目的（同項第２号に規定

する農林業等活性化基盤施設である建築物の建築の用に供するためのものに限る。）に従つて行う開発行為

六　都道府県が国又は独立行政法人中小企業基盤整備機構と一体となつて助成する中小企業者の行う他の事業者との連携若しくは事業の共同化又は中小企業の集積の活性化に寄与する事業の用に供する建築物又は第１種特定工作物の建築又は建設の用に供する目的で行う開発行為

七　市街化調整区域内において現に工業の用に供されている工場施設における事業と密接な関連を有する事業の用に供する建築物又は第１種特定工作物で、これらの事業活動の効率化を図るため市街化調整区域内において建築し、又は建設することが必要なものの建築又は建設の用に供する目的で行う開発行為

八　政令で定める危険物の貯蔵又は処理に供する建築物又は第１種特定工作物で、市街化区域内において建築し、又は建設することが不適当なものとして政令で定めるものの建築又は建設の用に供する目的で行う開発行為

九　前各号に規定する建築物又は第１種特定工作物のほか、市街化区域内において建築し、又は建設することが困難又は不適当なものとして政令で定める建築物又は第１種特定工作物の建築又は建設の用に供する目的で行う開発行為

十　地区計画又は集落地区計画の区域（地区整備計画又は集落地区整備計画が定められている区域に限る。）内において、当該地区計画又は集落地区計画に定められた内容に適合する建築物又は第１種特定工作物の建築又は建設の用に供する目的で行う開発行為

十一　市街化区域に隣接し、又は近接し、かつ、自然的社会的諸条件から市街化区域と一体的な日常生活圏を構成していると認められる地域であつておおむね50以上の建築物（市街化区域内に存するものを含む。）が連たんしている地域のうち、政令で定める基準に従い、都道府県（指定都市等又は事務処理市町村の区域内にあつては、当該指定都市等又は事務処理市町村。以下この号及び次号において同じ。）の条例で指定する土地の区域内において行う開発行為で、予定建築物等の用途が、開発区域及びその周辺の地域における環境の保全上支障があると認められる用途として都道府県の条例で定めるものに該当しないもの

十二　開発区域の周辺における市街化を促進するおそれがないと認められ、かつ、市街化区域内において行うことが困難又は著しく不適当と認められる開発行為として、政令で定める基準に従い、都道府県の条例で区域、目的又は予定建築物等の用途を限り定められたもの

十三　区域区分に関する都市計画が決定され、又は当該都市計画を変更して市街化調整区域が拡張された際、自己の居住若しくは業務の用に供する建築物を建築し、又は自己の業務の用に供する第１種特定工作物を建設する目的で土地又は土地の利用に関する所有権以外の権利を有していた者で、当該都市計画の決定又は変更の日から起算して６月以内に国土交通省令で定める事項を都道府県知事に届け出たものが、当該目的に従つて、当該土地に関する権利の行使として行う開発行為（政令で定める期間内に行うものに限る。）

十四　前各号に掲げるもののほか、都道府県知事が開発審査会の議を経て、開発区域の周辺における市街化を促進するおそれがなく、かつ、市街化区域内において行うことが困難又は著しく不適当と認める開発行為

（開発許可を受けた土地における建築等の制限）

第42条　何人も、開発許可を受けた開発区域内においては、第36条第３項の公告があつた後は、当該開発許可に係る予定建築物等以外の建築物又は特定工作物を新築し、又は新設してはならず、また、建築物を改築し、又はその用途を変更して当該開発許可に係る予定の建築物以外の建築物としてはならない。ただし、都道府県知事が当該開発区域における利便の増進上若しくは開発区域及びその周辺の地域における環境の保全上支障がないと認めて許可したとき、又は建築物及び第１種特定工作物で建築基準法第88条第２項の政令で指定する工作物に該当するものにあつては、当該開発区域内の土地について用途地域等が定められているときは、この限りでない。

２　国が行う行為については、当該国の機関と都道府県知事との協議が成立することをもつて、前項ただし書の規定による許可があつた

ものとみなす。

（開発許可を受けた土地以外の土地における建築等の制限）

第43条　何人も、市街化調整区域のうち開発許可を受けた開発区域以外の区域内においては、都道府県知事の許可を受けなければ、第29条第１項第２号若しくは第３号に規定する建築物以外の建築物を新築し、又は第１種特定工作物を新設してはならず、また、建築物を改築し、又はその用途を変更して同項第２号若しくは第３号に規定する建築物以外の建築物としてはならない。ただし、次に掲げる建築物の新築、改築若しくは用途の変更又は第１種特定工作物の新設については、この限りでない。

一　都市計画事業の施行として行なう建築物の新築、改築若しくは用途の変更又は第１種特定工作物の新設

二　非常災害のため必要な応急措置として行なう建築物の新築、改築若しくは用途の変更又は第１種特定工作物の新設

三　仮設建築物の新築

四　第29条第１項第９号に掲げる開発行為その他の政令で定める開発行為が行われた土地の区域内において行う建築物の新築、改築若しくは用途の変更又は第１種特定工作物の新設

五　通常の管理行為、軽易な行為その他の行為で政令で定めるもの

2　前項の規定による許可の基準は、第33条及び第34条に規定する開発許可の基準の例に準じて、政令で定める。

3　国又は都道府県等が行う第１項本文の建築物の新築、改築若しくは用途の変更又は第一種特定工作物の新設（同項各号に掲げるものを除く。）については、当該国の機関又は都道府県等と都道府県知事との協議が成立することをもつて、同項の許可があつたものとみなす。

農地法・農地法施行令・農地法施行規則（抄）三段表

農地法・農地法施行令・農地法施行規則（抄）三段表

○農地法

（昭和二十七年七月十五日　法律第二百二十九号）
最終改正　令和元年五月二十四日　法律第十二号

（農地の転用の制限）

第四条　農地を農地以外のものにする者は、都道府県知事（農地又は採草放牧地の農業上の効率的かつ総合的な利用の確保に関する施策の実施状況を考慮して農林水産大臣が指定する市町村（以下「指定市町村」という。）の区域内にあつては、指定市町村の長。以下「都道府県知事等」という。）の許可を受けなければならない。ただし、次の各号のいずれかに該当する場合は、この限りでない。

一　次条第一項の許可に係る農地をその許可に係る目的に供する場合

二　国又は都道府県等（都道府県又は指定市町村をいう。以下同じ。）が、道路、農業用用排水施設その他の地域振興上又は農業振興上の必要性が高いと認められる施設であつて農林水産省令で定めるものの用に供するため、農地を農地以外のものにする場合

○農地法施行令

（昭和二十七年十月二十日　政令第四百四十五号）
最終改正　令和元年九月十一日　政令第百二号

○農地法施行規則

（昭和二十七年十月二十日　農林省令第七十九号）
最終改正　令和二年四月一日　農林水産省令第二十七号

第二十二条から第二十四条まで　削除

（地域振興上又は農業振興上の必要性が高いと認められる施設）

第二十五条　法第四条第一項第二号の農林水産省令で定める施設は、国又は都道府県等が設置する道路、農業用用排水施設その他の施設で次に掲げる施設以外のものとする。

一　学校教育法（昭和二十二年法律第二十六号）第一条に規定する学校、同法第百二十四条に規定する専修学校又は同法第百三十四条第一項に規定する各種学校の用に供する施設

三　農業経営基盤強化促進法第十九条の規定による公告があつた農用地利用集積計画の定めるところによつて設定され、又は移転された同法第四条第三項第一号の権利に係る農地を当該農用地利用集積計画に定める利用目的に供する場合

四　農地中間管理事業の推進に関する法律第十八条第七項の規定による公告があつた農用地利用配分計画の定めるところによつて設定され、又は移転され

二　社会福祉法（昭和二十六年法律第四十五号）による社会福祉事業又は更生保護事業法（平成七年法律第八十六号）による更生保護事業の用に供する施設

三　医療法（昭和二十三年法律第二百五号）第一条の五第一項に規定する病院、同条第二項に規定する診療所又は同法第二条第一項に規定する助産所の用に供する施設

四　多数の者の利用に供する庁舎で次に掲げるもの

イ　国が設置する庁舎であつて、本府若しくは本省又は本府若しくは本省の外局の本庁の用に供するもの

ロ　国が設置する地方支分部局の本庁の用に供する庁舎

ハ　都道府県庁、都道府県の支庁又は地方事務所の用に供する庁舎

ニ　指定市町村が設置する市役所、特別区の区役所又は町村役場の用に供する庁舎

ホ　警視庁又は道府県警察本部の本庁の用に供する庁舎

五　宿舎（職務上常駐を必要とする職員又は職務上その勤務地に近接する場所に居住する必要がある職員のためのものを除く。）

た賃借権又は使用貸借による権利に係る農地を当該農用地利用配分計画に定める利用目的に供する場合

五　特定農山村地域における農林業等の活性化のための基盤整備の促進に関する法律第九条第一項の規定による公告があつた所有権移転等促進計画の定めるところによつて設定され、又は移転された同法第二条第三項第三号の権利に係る農地を当該所有権移転等促進計画に定める利用目的に供する場合

六　農山漁村の活性化のための定住等及び地域間交流の促進に関する法律第八条第一項の規定による公告があつた所有権移転等促進計画の定めるところによつて設定され、又は移転された同法第五条第八項の権利に係る農地を当該所有権移転等促進計画に定める利用目的に供する場合

七　土地収用法その他の法律によつて収用し、又は使用した農地をその収用又は使用に係る目的に供する場合

八　市街化区域（都市計画法（昭和四十三年法律第百号）第七条第一項の市街化区域と定められた区域（同法第二十三条第一項の規定による協議を要する場合にあつては、当該協議が調つたものに限る。）をいう。）内にある農地を、政令で定めるところによりあらかじめ農業委員会に届け出て、農地以外のものにする場合

（市街化区域内にある農地を転用する場合の届出）

第三条　法第四条第一項第八号の届出をしようとする者は、農林水産省令で定めるところにより、農林水産省令で定める事

（市街化区域内の農地を転用する場合の届出）

第二十六条　令第三条第一項の規定により届出書を提出する場合には、次に掲げる書類を添付しなければならない。

一　土地の位置を示す地図及び土地の登記事項証明書

項を記載した届出書を農業委員会に提出しなければならない。

2　農業委員会は、前項の規定により届出書の提出があつた場合において、当該届出を受理したときはその旨を、当該届出を受理しなかつたときはその旨及びその理由を、遅滞なく、当該届出をした者に書面で通知しなければならない。

二　届出に係る農地が賃貸借の目的となつている場合には、その賃貸借につき法第十八条第一項の規定による解約等の許可があつたことを証する書面）

（市街化区域内の農地を転用する場合の届出書の記載事項）

第二十七条　令第三条第一項の農林水産省令で定める事項は、次に掲げる事項とする。

一　届出者の氏名、住所及び職業（法人にあつては、名称、主たる事務所の所在地、業務の内容及び代表者の氏名）

二　土地の所在、地番、地目及び面積

三　土地の所有者及び耕作者の氏名又は名称及び住所

四　転用の目的及び時期並びに転用の目的に係る事業又は施設の概要

五　第三十一条第六号に掲げる事項

（市街化区域内の農地を転用する場合の届出の受理通知書の記載事項）

第二十八条　令第三条第二項の規定により届出を受理した旨の通知をする書面には、次に掲げる事項を記載するものとする。

一　届出者の氏名及び住所（法人にあつては、名称、主たる事務所の所在地及び代表者の氏名）

二　土地の所在、地番、地目及び面積

三　届出書が到達した日及びその日に届出の効力が生じた旨

四　届出に係る転用の目的

九　その他農林水産省令で定める場合

（農地の転用の制限の例外）

第二十九条　法第四条第一項第九号の農林水産省令で定める場合は、次に掲げる場合とする。

一　耕作の事業を行う者がその農地をその者の耕作の事業に供する他の農地の保全若しくは利用の増進のため又はその農地（二アール未満のものに限る。）をその者の農作物の育成若しくは養畜の事業のための農業用施設に供する場合

二　耕作の事業以外の事業に供するため、法第四十五条第一項の規定により農林水産大臣が管理することとされている農地の貸付けを受けた者が当該貸付けに係る農地をその貸付けに係る目的に供する場合

三　法第四十七条の規定による売払いに係る農地をその売払いに係る目的に供する場合

四　土地改良法（昭和二十四年法律第百九十五号）に基づく土地改良事業により農地を農地以外のものにする場合

五　土地区画整理法（昭和二十九年法律第百十九号）に基づく土地区画整理事業若しくは土地区画整理法施行法（昭和二十九年法律第百二十号）第三条第一項若しくは第四条第一項の規定による土地区画整理の施行により道路、公園等公共施設を建設するため、又はその建設に伴い転用される宅地の代地として農地を農地以外のものにする場合

六　地方公共団体（都道府県等を除く。）がその設置する道路、河川、堤防、水路若しくはため池又はその他の施設で土地収用法第三条各号に掲げるもの（第二十五条第一号から第三号までに掲げる施設又は市役所、特別区の区役所若しくは町村役場の用に供する庁舎を除く。）の敷地に供するためその区域（地方公共団体の組合にあつては、その組合を組織する地方公共団体の区域）内にある農地を農地以外のものにする場

合

七　道路整備特別措置法（昭和三十一年法律第七号）第二条第四項に規定する会社又は地方道路公社が道路の敷地に供するため農地を農地以外のものにする場合

八　独立行政法人水資源機構がダム、堰せき、堤防、水路若しくは貯水池の敷地又はこれらの施設の建設のために必要な道路若しくはこれらの施設の建設に伴い廃止される道路に代わるべき道路の敷地に供するため農地を農地以外のものにする場合

九　独立行政法人鉄道建設・運輸施設整備支援機構又は全国新幹線鉄道整備法（昭和四十五年法律第七十一号）第九条第一項の規定による認可を受けた者が鉄道施設（当該認可を受けた者にあってはその認可に係るものに限る。以下同じ。）の敷地又は鉄道施設の建設のために必要な道路若しくは線路若しくは鉄道施設の建設に伴い廃止される道路に代わるべき道路の敷地に供するため農地を農地以外のものにする場合

十　成田国際空港株式会社が、成田国際空港の敷地若しくは当該空港の建設のために必要な道路若しくは線路若しくは当該空港の建設に伴い廃止される道路に代わるべき道路の敷地に供するため農地を農地以外のものにする場合又は航空法（昭和二十七年法律第二百三十一号）第三十八条第一項若しくは第四十三条第一項の規定による許可に係る航空法施行規則（昭和二十七年運輸省令第五十六号）第一条に規定する航空保安無線施設若しくは航空灯火（以下「航空保安施設」という。）の設置予定地とされている土地（以下「航空保安施設設置予定地」という。）の区域内にある農地を航空保安施設を設置するため農地以外のものにする場合

十一　法第五条第一項第七号の届出に係る農地をその届出に係る転用の目的に供する場合

十二　都市計画事業（都市計画法第四条第十五項に規定する都市計画事業をいう。以下同じ。）の施行者が市街化区域内において同法第五十六条第一項、第五十七条第三項若しくは第六十七条第二項の規定によつて又は同法第六十八条第一項の規定による請求によつて取得された農地を都市計画事業により農地以外のものにする場合

十三　電気事業者が送電用若しくは配電用の施設（電線の支持物及び開閉所に限る。）若しくは送電用若しくは配電用の電線を架設するための装置又はこれらの施設若しくは装置を設置するために必要な道路若しくは索道（以下「送電用電気工作物等」という。）の敷地に供するため農地を農地以外のものにする場合

十四　地方公共団体（都道府県を除く。）、独立行政法人都市再生機構、地方住宅供給公社、土地開発公社（公有地の拡大の推進に関する法律（昭和四十七年法律第六十六号）に基づく土地開発公社をいう。以下同じ。）、独立行政法人中小企業基盤整備機構又は国（国が出資の額の全部を出資している法人を含む。）若しくは地方公共団体が出資の額の過半を出資している法人（国又は都道府県が作成した地域開発に関する計画で農林水産大臣が指定するもの（以下「指定計画」という。）に従つて工場、住宅又は流通業務施設の用に供される土地の造成の事業をその主たる事業として行うものに限る。）で農林水産大臣が指定するもの（以下「指定法人」という。）が市街化区域（指定法人にあつては、指定計画に係る市街化区域）内にある農地を農地以外のものにする場合

十五　独立行政法人都市再生機構が独立行政法人都市再生機構法（平成十五年法律第百号）第十八条第一項各号に掲げる施設（以下「特定公共施設」という。）又はその施設の建設のために必要な道路若しくはその施

2　前項の許可を受けようとする者は、農林水産省令で定めるところにより、農林水産省令で定める事項を記載した申請書を、農業委員会を経由して、都道府県知事等に提出しなければならない。

設の建設に伴い廃止される道路に代わるべき道路の敷地に供するため農地を農地以外のものにする場合

十六　認定電気通信事業者が有線電気通信のための線路、空中線系（その支持物を含む。）若しくは中継施設又はこれらの施設を設置するために必要な道路若しくは索道の敷地に供するため農地を農地以外のものにする場合

十七　地方公共団体（都道府県を除く。）又は災害対策基本法（昭和三十六年法律第二百二十三号）第二条第五号に規定する指定公共機関若しくは同条第六号に規定する指定地方公共機関が行う非常災害の応急対策又は復旧であつて、当該機関の所掌業務に係る施設について行うもののために必要な施設の敷地に供するため農地を農地以外のものにする場合

十八　ガス事業者（ガス事業法（昭和二十九年法律第五十一号）第二条第十二項に規定するガス事業者をいう。第五十三条第十七号において同じ。）が、ガス導管の変位の状況を測定する設備又はガス導管の防食措置の状況を検査する設備の敷地に供するため農地を農地以外のものにする場合

十九　農地を家畜伝染病予防法（昭和二十六年法律第百六十六号）第二十一条第一項又は第四項の規定による焼却又は埋却の用に供する場合

（農地を転用するための許可申請）

第三十条　法第四条第二項の規定により申請書を提出する場合には、次に掲げる書類を添付しなければならない。

一　申請者が法人である場合には、法人の登記事項証明書及び定款又は寄附行為の写し

二　土地の位置を示す地図及び土地の登記事項証明書

三　申請に係る土地に設置しようとする建物その他の施設及びこれらの施設を利用するために必要な道路、用

3　農業委員会は、前項の規定により申請書の提出があつたときは、農林水産省令で定める期間内に、当該申請書に意見を付して、都道府県知事等に送付しなければならない。

排水施設その他の施設の位置を明らかにした図面

四　次条第五号の資金計画に基づいて事業を実施するために必要な資力及び信用があることを証する書面

五　申請に係る農地を転用する行為の妨げとなる権利を有する者がある場合には、その同意があつたことを証する書面

六　申請に係る農地が土地改良区の地区内にある場合には、当該土地改良区の意見書（意見を求めた日から三十日を経過してもなおその意見を得られない場合には、その事由を記載した書面）

七　その他参考となるべき書類

（農地を転用するための許可申請書の記載事項）

第三十一条　法第四条第二項の農林水産省令で定める事項は、次に掲げる事項とする。

一　申請者の氏名、住所及び職業（法人にあつては、名称、主たる事務所の所在地、業務の内容及び代表者の氏名）

二　土地の所在、地番、地目、面積、利用状況及び普通収穫高

三　転用の事由の詳細

四　転用の時期及び転用の目的に係る事業又は施設の概要

五　転用の目的に係る事業の資金計画

六　転用することによつて生ずる付近の農地、作物等の被害の防除施設の概要

七　その他参考となるべき事項

（申請書を送付すべき期間）

第三十二条　法第四条第三項の農林水産省令で定める期間は、申請書の提出があつた日の翌日から起算して四十日（同条第四項又は第五項の規定により都道府県機構の意見を聴くときは、八十日）とする。ただし、同条第三項

4　農業委員会は、前項の規定により意見を述べようとするとき（同項の申請書が同一の事業の目的に供するため三十アールを超える農地を農地以外のものにする行為に係るものであるときに限る。）は、あらかじめ、農業委員会等に関する法律（昭和二十六年法律第八十八号）第四十三条第一項に規定する都道府県機構（以下「都道府県機構」という。）の意見を聴かなければならない。ただし、同法第四十二条第一項の規定による都道府県知事の指定がされていない場合は、この限りでない。

5　前項に規定するもののほか、農業委員会は、第三項の規定により意見を述べるため必要があると認めるときは、都道府県機構の意見を聴くことができる。

6　第一項の許可は、次の各号のいずれかに該当する場合には、することができない。ただし、第一号及び第二号に掲げる場合において、土地収用法第二十六条第一項の規定による告示（他の法律の規定による告示又は公告で同項の規定による告示とみなされるものを含む。次条第二項において同じ。）に係る事業の用に供するため農地を農地以外のものにしようとするとき、第一号イに掲げる農地を農

の規定により農業委員会が当該申請書に同条第一項の許可をすることが相当であるとする内容の意見を付そうとする場合において都道府県機構が当該許可をしないことが相当であるとする内容の意見を述べたときその他の特段の事情がある場合は、この限りでない。

業振興地域の整備に関する法律第八条第四項に規定する農用地利用計画（以下単に「農用地利用計画」という。）において指定された用途に供するため農地以外のものにしようとするときその他政令で定める相当の事由があるときは、この限りでない。

（農地の転用の不許可の例外）

第四条　法第四条第六項第一号に掲げる場合の同項ただし書の政令で定める相当の事由は、次の各号に掲げる農地の区分に応じ、それぞれ当該各号に掲げる事由とする。

一　法第四条第六項第一号イに掲げる農地農地を農地以外のものにする行為が次の全てに該当すること。

イ　申請に係る農地を仮設工作物の設置その他の一時的な利用に供するために行うものであつて、当該利用の目的を達成する上で当該農地を供することが必要であると認められるものであること。

ロ　農業振興地域の整備に関する法律（昭和四十四年法律第五十八号）第八条第一項又は第九条第一項の規定により定められた農業振興地域整備計画（以下単に「農業振興地域整備計画」という。）の達成に支障を及ぼすおそれがないと認められるものであること。

二　法第四条第六項第一号ロに掲げる農地農地を農地以外のものにする行為が前号イ又は次のいずれかに該当すること。

イ　申請に係る農地を農業用施設、農畜産物処理加工施設、農畜産物販売

施設その他地域の農業の振興に資する施設として農林水産省令で定めるものの用に供するために行われるものであること。

ロ　申請に係る農地を市街地に設置することが困難又は不適当なものとして農林水産省令で定める施設の用に供するために行われるものであること。

ハ　申請に係る農地を調査研究、土石の採取その他の特別の立地条件を必要とする農林水産省令で定める事業の用に供するために行われるもので

（地域の農業の振興に資する施設）

第三十三条　令第四条第一項第二号イの農林水産省令で定める施設は、次に掲げる施設（法第四条第六項第一号ロ又は第五条第二項第一号ロに掲げる土地にあつては、これらの土地以外の周辺の土地に設置することによつてはその目的を達成することができないと認められるものに限る。）とする。

一　都市住民の農業の体験その他の都市等との地域間交流を図るために設置される施設

二　農業従事者の就業機会の増大に寄与する施設

三　農業従事者の良好な生活環境を確保するための施設

四　住宅その他申請に係る土地の周辺の地域において居住する者の日常生活上又は業務上必要な施設で集落に接続して設置されるもの（令第六条又は第十三条に掲げる土地にあつては、敷地面積がおおむね五百平方メートルを超えないものに限る。）

（市街地に設置することが困難又は不適当な施設）

第三十四条　令第四条第一項第二号ロの農林水産省令で定める施設は、次に掲げる施設（令第六条又は第十三条に掲げる土地以外の土地に設置されるものに限る。）とする。

一　病院、療養所その他の医療事業の用に供する施設でその目的を達成する上で市街地以外の地域に設置する必要があるもの

二　火薬庫又は火薬類の製造施設

三　その他前二号に掲げる施設に類する施設

（特別の立地条件を必要とする事業）

第三十五条　令第四条第一項第二号ハの農林水産省令で定める事業は、次のいずれかに該当するものに関する事業とする。

あること。

二　申請に係る農地をこれに隣接する土地と一体として同一の事業の目的に供するために行うもの（当該農地の位置、面積等が農林水産省令で定める基準に適合するものに限る。）であつて、当該事業の目的を達成する上で当該農地を供することが必要であると認められるものであること。

一　調査研究（その目的を達成する上で申請に係る土地をその用に供することが必要であるものに限る。）
二　土石その他の資源の採取
三　水産動植物の養殖用施設その他これに類するもの
四　流通業務施設、休憩所、給油所その他これらに類する施設で、次に掲げる区域内に設置されるもの
イ　一般国道又は都道府県道の沿道の区域
ロ　高速自動車国道その他の自動車のみの交通の用に供する道路（高架の道路その他の道路であつて自動車の沿道への出入りができない構造のものに限る。）の出入口の周囲おおむね三百メートル以内の区域
五　既存の施設の拡張（拡張に係る部分の敷地の面積が既存の施設の敷地の面積の二分の一を超えないものに限る。）
六　法第四条第六項第一号ロ又は第五条第二項第一号ロに掲げる土地に係る法第四条第一項若しくは第五条第一項の許可又は法第四条第一項第八号若しくは第五条第一項第七号の届出に係る事業のために欠くことのできない通路、橋、鉄道、軌道、索道、電線路、水路その他の施設（令第六条又は第十三条に掲げる土地以外の土地に設置されるものに限る。）

（隣接する土地と同一の事業の目的に供するための農地の転用）

第三十六条　令第四条第一項第二号ニの農林水産省令で定める基準は、申請に係る事業の目的に供すべき土地の面積に占める申請に係る法第四条第六項第一号ロに掲げる土地の面積の割合が三分の一を超えず、かつ、申請に係る事業の目的に供すべき土地の面積に占める申請に係る令第六条に掲げる土地の面積の割合が五分の一を超えないこととする。

ホ　申請に係る農地を公益性が高いと認められる事業で農林水産省令で定めるものの用に供するために行われるものであること。

（公益性が高いと認められる事業）

第三十七条　令第四条第一項第二号ホの農林水産省令で定める事業は、次のいずれかに該当するものに関する事業とする。ただし、第一号、第三号、第六号、第七号、第十二号及び第十三号に該当するものに関する事業にあつては、令第六条又は第十三条に掲げる土地以外の土地を供して行われるものに限る。

一　土地収用法その他の法律により土地を収用し、又は使用することができる事業（太陽光を電気に変換する設備に関するものを除く。）

二　森林法（昭和二十六年法律第二百四十九号）第二十五条第一項各号に掲げる目的を達成するために行われる森林の造成

三　地すべり等防止法（昭和三十三年法律第三十号）第二十四条第一項に規定する関連事業計画若しくは急傾斜地の崩壊による災害の防止に関する法律（昭和四十四年法律第五十七号）第九条第三項に規定する勧告に基づき行われる家屋の移転その他の措置又は同法第十条第一項若しくは第二項に規定する命令に基づき行われる急傾斜地崩壊防止工事

四　非常災害のために必要な応急措置

五　土地改良法第七条第四項に規定する非農用地区域（以下単に「非農用地区域」という。）と定められた区域内にある土地を当該非農用地区域に係る土地改良事業計画に定められた用途に供する行為

六　工場立地法（昭和三十四年法律第二十四号）第三条第一項に規定する工場立地調査簿に工場適地として記載された土地の区域（農業上の土地利用との調整が調つたものに限る。）内において行われる工場又は事業場の設置

七　独立行政法人中小企業基盤整備機構が実施する独立行政法人中小企業基盤整備機構法（平成十四年法律第

百四十七号)附則第五条第一項第一号に掲げる業務(農業上の土地利用との調整が調つた土地の区域内において行われるものに限る。)

八　削除

九　集落地域整備法（昭和六十二年法律第六十三号）第五条第一項に規定する集落地区計画の定められた区域(農業上の土地利用との調整が調つたもので、集落地区整備計画（同条第三項に規定する集落地区整備計画をいう。第四十七条及び第五十七条において同じ。）が定められたものに限る。）内において行われる同項に規定する集落地区施設及び建築物等の整備

十　優良田園住宅の建設の促進に関する法律（平成十年法律第四十一号）第四条第一項の認定を受けた同項に規定する優良田園住宅建設計画（同法第四条第四項又は第五項に規定する協議が調つたものに限る。）に従つて行われる同法第二条に規定する優良田園住宅の建設

十一　農用地の土壌の汚染防止等に関する法律（昭和四十五年法律第百三十九号）第三条第一項に規定する農用地土壌汚染対策地域（以下単に「農用地土壌汚染対策地域」という。）として指定された地域内にある農用地（同法第二条第一項に規定する農用地をいう。この号、第四十七条及び第五十七条において同じ。)(同法第五条第一項に規定する農用地土壌汚染対策計画(以下単に「農用地土壌汚染対策計画」という。）において農用地として利用すべき土地の区域として区分された土地の区域内にある農用地を除く。）その他の農用地の土壌の同法第二条第三項に規定する特定有害物質(以下単に「特定有害物質」という。）による汚染に起因して当該農用地で生産された農畜産物の流通が著しく困難であり、かつ、当該農用地の周辺の土地の利用状況からみて農用地以外の土地として利用するこ

へ　次のいずれかに該当するものであること。

(1)　農村地域への産業の導入の促進等に関する法律（昭和四十六年法

とが適当であると認められる農用地の利用の合理化に資する事業

十二　東日本大震災復興特別区域法第四十六条第二項第四号に規定する復興整備事業であつて、次に掲げる要件に該当するもの

イ　東日本大震災復興特別区域法第四十六条第一項第二号に掲げる地域をその区域とする市町村が作成する同項に規定する復興整備計画に係るものであること。

ロ　東日本大震災復興特別区域法第四十七条第一項に規定する復興整備協議会における協議が調つたものであること。

ハ　当該市町村の復興のため必要かつ適当であると認められること。

ニ　当該市町村の農業の健全な発展に支障を及ぼすおそれがないと認められること。

十三　農林漁業の健全な発展と調和のとれた再生可能エネルギー電気の発電の促進に関する法律（平成二十五年法律第八十一号）第五条第一項に規定する基本計画に定められた同条第二項第二号に掲げる区域（農業上の土地利用との調整が調つたものに限る。）内において同法第七条第一項に規定する設備整備計画（当該設備整備計画のうち同条第二項第二号に掲げる事項について同法第六条第一項に規定する協議会における協議が調つたものであり、かつ、同法第七条第四項第一号に掲げる行為に係る当該設備整備計画についての協議が調つたものに限る。）に従つて行われる同法第三条第二項に規定する再生可能エネルギー発電設備の整備

律第百十二号）第五条第一項に規定する実施計画に基づき同条第二項第一号に規定する産業導入地区内において同条第三項第一号に規定する施設を整備するために行われるもの

(2)　総合保養地域整備法（昭和六十二年法律第七十一号）第七条第一項に規定する同意基本構想に基づき同法第四条第二項第三号に規定する重点整備地区内において同法第二条第一項に規定する特定施設を整備するために行われるもの

(3)　多極分散型国土形成促進法（昭和六十三年法律第八十三号）第十一条第一項に規定する同意基本構想に基づき同法第七条第二項第二号に規定する重点整備地区内において同項第三号に規定する中核的施設を整備するために行われるもの

(4)　地方拠点都市地域の整備及び産業業務施設の再配置の促進に関する法律（平成四年法律第七十六号）第八条第一項に規定する同意基本計画に基づき同法第二条第二項に規定する拠点地区内において同項の事業として住宅及び住宅地若しくは同法第六条第五項に規定する教養文化施設等を整備するため又は同条第四項に規定する拠点地区

内において同法第二条第三項に規定する産業業務施設を整備するために行われるもの

(5)　地域経済牽引事業の促進による地域の成長発展の基盤強化に関する法律（平成十九年法律第四十号）第十四条第二項に規定する承認地域経済牽引事業計画に基づき同法第十一条第二項第一号に規定する土地利用調整区域内において同法第十三条第三項第一号に規定する施設を整備するために行われるもの

(6)　その他地域の農業の振興に関する地方公共団体の計画（土地の農業上の効率的な利用を図るための措置が講じられているものとして農林水産省令で定めるものに限る。）に従つて行われるものであつて農林水産省令で定める要件に該当するもの

（地域の農業の振興に関する地方公共団体の計画に従つて行われる農地の転用）

第三十八条　令第四条第一項第二号へ(6)の農林水産省令で定める計画は、農業振興地域の整備に関する法律（昭和四十四年法律第五十八号）第八条第一項に規定する市町村農業振興地域整備計画（以下単に「市町村農業振興地域整備計画」という。）又は同計画に沿つて当該計画に係る区域内の農地の効率的な利用を図る観点から市町村が策定する計画とする。

第三十九条　令第四条第一項第二号へ(6)の農林水産省令で定める要件は、次のいずれかに該当する施設を前条に規定する計画に従つて整備するため行われるものであることとする。

一　前条に規定する計画（次号に規定するものを除く。）においてその種類、位置及び規模が定められている施設

二　農業振興地域の整備に関する法律施行規則（昭和四十四年農林省令第四十五号）第四条の五第一項第二十六号の二に規定する計画において当該計画に係る

一　次に掲げる農地を農地以外のものにしようとする場合

イ　農用地区域（農業振興地域の整備に関する法律第八条第二項第一号に規定する農用地区域をいう。以下同じ。）内にある農地

ロ　イに掲げる農地以外の農地で、集団的に存在する農地その他の良好な営農条件を備えている農地として政令で定めるもの（市街化調整区域（都市計画法第七条第一項の市街化調整区域をいう。以下同じ。）内にある政令で定める農地以外の農地にあつては、次に掲げる農地を除く。）

2　法第四条第六項第二号に掲げる場合の同項ただし書の政令で定める相当の事由は、農地を農地以外のものにする行為が前項第二号イ、ロ、ホ又はへのいずれかに該当することとする。

（良好な営農条件を備えている農地）

第五条　法第四条第六項第一号ロの良好な営農条件を備えている農地として政令で定めるものは、次に掲げる農地とする。

一　おおむね十ヘクタール以上の規模の一団の農地の区域内にある農地

二　土地改良法（昭和二十四年法律第百九十五号）第二条第二項に規定する土地改良事業又はこれに準ずる事業で、農業用用排水施設の新設又は変更、区画整理、農地の造成その他の農林水産省令で定めるもの（以下「特定土地改良事業等」という。）の施行に係る区域内にある農地

区域内の農用地等の保全及び効率的な利用を確保する見地から定められている当該区域内において農用地等以外の用途に供することを予定する土地の区域内に設置されるものとして当該計画に定められている施設

（特定土地改良事業等）

第四十条　令第五条第二号の農林水産省令で定める事業は、次に掲げる要件を満たしている事業とする。

一　次のいずれかに該当する事業（主として農地又は採草放牧地の災害を防止することを目的とするものを除く。）であること。

イ　農業用用排水施設の新設又は変更

ロ　区画整理

三　傾斜、土性その他の自然的条件からみてその近傍の標準的な農地を超える生産をあげることができると認められる農地

第六条　法第四条第六項第一号ロの市街化調整区域内にある政令で定める農地は、次に掲げる農地とする。

一　前条第一号に掲げる農地のうち、その面積、形状その他の条件が農作業を効率的に行うのに必要なものとして農林水産省令で定める基準に適合するもの

二　前条第二号に掲げる農地のうち、特定土地改良事業等の工事が完了した年度の翌年度の初日から起算して八年を経過したもの以外のもの（特定土地改

ハ　農地又は採草放牧地の造成（昭和三十五年度以前の年度にその工事に着手した開墾建設工事を除く。）

ニ　埋立て又は干拓

ホ　客土、暗きよ排水その他の農地又は採草放牧地の改良又は保全のため必要な事業

二　次のいずれかに該当する事業であること。

イ　国又は地方公共団体が行う事業

ロ　国又は地方公共団体が直接又は間接に経費の全部又は一部につき補助その他の助成を行う事業

ハ　農業改良資金融通法（昭和三十一年法律第百二号）に基づき公庫から資金の貸付けを受けて行う事業

ニ　公庫から資金の貸付けを受けて行う事業（ハに掲げる事業を除く。）

（農作業を効率的に行うのに必要な条件）

第四十一条　令第六条第一号の農林水産省令で定める基準は、区画の面積、形状、傾斜及び土性が高性能農業機械（農作業の効率化又は農作業における身体の負担の軽減に資する程度が著しく高く、かつ、農業経営の改善に寄与する農業機械をいう。）による営農に適するものであると認められることとする。

良事業等のうち農地を開発すること又は農地の形質に変更を加えることによつて当該農地を改良し、若しくは保全することを目的とする事業で農林水産省令で定める基準に適合するものの施行に係る区域内にあるものに限る。）

（土地の区画形質の変更等に係る特定土地改良事業等）

第四十二条　令第六条第二号の農林水産省令で定める基準は、申請に係る事業が次に掲げる要件を満たしていることとする。

一　第四十条第一号ロからホまでに掲げる事業のいずれかに該当する事業であること。

二　次のいずれかに該当する事業であること。

イ　国又は都道府県が行う事業

ロ　国又は都道府県が直接又は間接に経費の全部又は一部を補助する事業

(1)　市街地の区域内又は市街地化の傾向が著しい区域内にある農地で政令で定めるもの

（市街地の区域内又は市街地化の傾向が著しい区域内にある農地）

第七条　法第四条第六項第一号ロ(1)の政令で定めるものは、次に掲げる区域内にある農地とする。

一　道路、下水道その他の公共施設又は鉄道の駅その他の公益的施設の整備の状況が農林水産省令で定める程度に達している区域

（公共施設又は公益的施設の整備の状況の程度）

第四十三条　令第七条第一号の農林水産省令で定める程度は、次のいずれかに該当することとする。

一　水管、下水道管又はガス管のうち二種類以上が埋設されている道路（幅員四メートル以上の道及び建築基準法（昭和二十五年法律第二百一号）第四十二条第二項の指定を受けた道で現に一般交通の用に供されているものをいい、第三十五条第四号ロに規定する道路及び農業用道路を除く。）の沿道の区域であつて、容易にこれらの施設の便益を享受することができ、かつ、申請に係る農地又は採草放牧地からおおむね五百メートル以内に二以上の教育施設、医療施設その他の公共施設又は公益的施設が存すること。

二　申請に係る農地又は採草放牧地からおおむね三百メートル以内に次に掲げる施設のいずれかが存するこ

(2)　(1)の区域に近接する区域その他市街地化が見込まれる区域内にある農地で政令で定めるもの

二　宅地化の状況が農林水産省令で定める程度に達している区域

三　土地区画整理法（昭和二十九年法律第百十九号）第二条第一項に規定する土地区画整理事業又はこれに準ずる事業として農林水産省令で定めるものの施行に係る区域

（市街地化が見込まれる区域内にある農地）

第八条　法第四条第六項第一号ロ(2)の政令で定めるものは、次に掲げる区域内にある農地とする。

一　道路、下水道その他の公共施設又は鉄道の駅その他の公益的施設の整備の

と。

イ　鉄道の駅、軌道の停車場又は船舶の発着場

ロ　第三十五条第四号ロに規定する道路の出入口

ハ　都道府県庁、市役所、区役所又は町村役場（これらの支所を含む。）

ニ　その他イからハまでに掲げる施設に類する施設

（宅地化の状況の程度）

第四十四条　令第七条第二号の農林水産省令で定める程度は、次のいずれかに該当することとする。

一　住宅の用若しくは事業の用に供する施設又は公共施設若しくは公益的施設が連たんしていること。

二　街区（道路、鉄道若しくは軌道の線路その他の恒久的な施設又は河川、水路等によつて区画された地域をいう。以下同じ。）の面積に占める宅地の面積の割合が四十パーセントを超えていること。

三　都市計画法第八条第一項第一号に規定する用途地域が定められていること（農業上の土地利用との調整が調つたものに限る。）。

二　前号イ及びロに掲げる農地（同号ロ⑴に掲げる農地を含む。）以外の農地を農地以外のものにしようとする場合において、申請に係る農地に代えて周辺の他の土地を供することにより当該申請に係る事業の目的を達成することができると認められるとき。

三　申請者に申請に係る農地を農地以外のものにする行為を行うために必要な資力及び信用があると認められないこと、申請に係る農地を農地以外のものにする行為の妨げとなる権利を有する者の同意を得ていないことその他農林

状況からみて前条第一号に掲げる区域に該当するものとなることが見込まれる区域として農林水産省令で定めるもの

二　宅地化の状況からみて前条第二号に掲げる区域に該当するものとなることが見込まれる区域として農林水産省令で定めるもの

（市街地化が見込まれる区域）

第四十五条　令第八条第一号の農林水産省令で定める区域は、次に掲げる区域とする。

一　相当数の街区を形成している区域

二　第四十三条第二号イ、ハ又はニに掲げる施設の周囲おおむね五百メートル（当該施設を中心とする半径五百メートルの円で囲まれる区域の面積に占める当該区域内にある宅地の面積の割合が四十パーセントを超える場合にあつては、その割合が四十パーセントとなるまで当該施設を中心とする円の半径を延長したときの当該半径の長さ又は一キロメートルのいずれか短い距離）以内の区域

第四十六条　令第八条第二号の農林水産省令で定める区域は、宅地化の状況が第四十四条第一号に掲げる程度に達している区域に近接する区域内にある農地の区域で、その規模がおおむね十ヘクタール未満であるものとする。

（申請に係る農地の全てを申請に係る用途に供することが確実と認められない事由）

第四十七条　法第四条第六項第三号の農林水産省令で定め

水産省令で定める事由により、申請に係る農地の全てを住宅の用、事業の用に供する施設の用その他の当該申請に係る用途に供することが確実と認められない場合

る事由は、次のとおりとする。

一　法第四条第一項の許可を受けた後、遅滞なく、申請に係る農地を申請に係る用途に供する見込みがないこと。

二　申請に係る事業の施行に関して行政庁の免許、許可、認可等の処分を必要とする場合においては、これらの処分がされなかつたこと又はこれらの処分がされる見込みがないこと。

二の二　申請に係る事業の施行に関して法令（条例を含む。第五十七条第二号の二において同じ。）により義務付けられている行政庁との協議を現に行つていること。

三　申請に係る農地と一体として申請に係る事業の目的に供する土地を利用できる見込みがないこと。

四　申請に係る農地の面積が申請に係る事業の目的からみて適正と認められないこと。

五　申請に係る事業が工場、住宅その他の施設の用に供される土地の造成（その処分を含む。）のみを目的とするものであること。ただし、次に掲げる場合は、この限りでない。

イ　農業構造の改善に資する事業の実施により農業の振興に資する施設の用に供される土地を造成するため農地を農地以外のものにする場合であつて、当該農地が当該施設の用に供されることが確実と認められるとき。

ロ　農業協同組合が農業協同組合法第十条第五項に規定する事業の実施により工場、住宅その他の施設の用に供される土地を造成するため農地を農地以外のものにする場合であつて、当該農地がこれらの施設の用に供されることが確実と認められるとき。

ハ　農地中間管理機構（農業経営基盤強化促進法第七条第一号に掲げる事業を行う者に限る。第五十七条

第五号ハにおいて同じ。）が農業用施設の用に供される土地を造成するため農地を農地以外のものにする場合であつて、当該農地が当該施設の用に供されることが確実と認められるとき。

ニ　第三十八条に規定する計画に従つて工場、住宅その他の施設の用に供される土地を造成するため農地を農地以外のものにする場合

ホ　非農用地区域内において当該非農用地区域に係る土地改良事業計画に定められた用途に供される土地を造成するため農地を農地以外のものにする場合であつて、当該農地が当該用途に供されることが確実と認められるとき。

ヘ　都市計画法第八条第一項第一号に規定する用途地域が定められている土地の区域（農業上の土地利用との調整が調つたものに限る。）内において工場、住宅その他の施設の用に供される土地を造成するため農地を農地以外のものにする場合であつて、当該農地がこれらの施設の用に供されることが確実と認められるとき。

ト　都市計画法第十二条の五第一項に規定する地区計画が定められている区域（農業上の土地利用との調整が調つたものに限る。）内において、同法第三十四条第十号の規定に該当するものとして同法第二十九条第一項の許可を受けて住宅又はこれに附帯する施設の用に供される土地を造成するため農地を農地以外のものにする場合であつて、当該農地がこれらの施設の用に供されることが確実と認められるとき。

チ　集落地域整備法第五条第一項に規定する集落地区計画が定められている区域（農業上の土地利用との調整が調つたものに限る。）内において集落地区整備計画に定められる建築物等に関する事項に適合す

る建築物等の用に供される土地を造成するため農地を農地以外のものにする場合であつて、当該農地がこれらの建築物等の用に供されることが確実と認められるとき。

リ　国（国が出資している法人を含む。）の出資により設立された法人、地方公共団体の出資により設立された一般社団法人若しくは一般財団法人、土地開発公社又は農業協同組合若しくは農業協同組合連合会が、農村地域への産業の導入の促進等に関する法律（昭和四十六年法律第百十二号）第五条第一項に規定する実施計画に基づき同条第二項第一号に規定する産業導入地区内において同条第三項第一号に規定する施設の用に供される土地を造成するため農地を農地以外のものにする場合

ヌ　総合保養地域整備法（昭和六十二年法律第七十一号）第七条第一項に規定する同意基本構想に基づき同法第四条第二項第三号に規定する重点整備地区内において同法第二条第一項に規定する特定施設の用に供される土地を造成するため農地を農地以外のものにする場合であつて、当該農地が当該施設の用に供されることが確実と認められるとき。

ル　削除

ヲ　多極分散型国土形成促進法（昭和六十三年法律第八十三号）第十一条第一項に規定する同意基本構想に基づき同法第七条第二項第二号に規定する重点整備地区内において同項第三号に規定する中核的施設の用に供される土地を造成するため農地を農地以外のものにする場合であつて、当該農地が当該施設の用に供されることが確実と認められるとき。

ワ　地方拠点都市地域の整備及び産業業務施設の再配置の促進に関する法律（平成四年法律第七十六号）第八条第一項に規定する同意基本計画に基づき同法

第二条第二項に規定する拠点地区内において同項の事業として住宅及び住宅地若しくは同法第六条第五項に規定する教養文化施設等の用に供される土地を造成するため又は同条第四項に規定する拠点地区内において同法第二条第三項に規定する産業業務施設の用に供される土地を造成するため農地を農地以外のものにする場合であつて、当該農地がこれらの施設の用に供されることが確実と認められるとき。

カ　地域経済牽引事業の促進による地域の成長発展の基盤強化に関する法律（平成十九年法律第四十号）第十四条第二項に規定する承認地域経済牽引事業計画に基づき同法第十一条第二項第一号に規定する土地利用調整区域内において同法第十三条第三項第一号に規定する施設の用に供される土地を造成するため農地を農地以外のものにする場合であつて、当該農地が当該施設の用に供されることが確実と認められるとき。

ヨ　削除

タ　大都市地域における優良宅地開発の促進に関する緊急措置法（昭和六十三年法律第四十七号）第三条第一項の認定を受けた宅地開発事業計画に従つて住宅その他の施設の用に供される土地を造成するため農地を農地以外のものにする場合であつて、当該農地がこれらの施設の用に供されることが確実と認められるとき。

レ　地方公共団体（都道府県等を除く。）又は独立行政法人都市再生機構その他国（国が出資している法人を含む。）の出資により設立された地域の開発を目的とする法人が工場、住宅その他の施設の用に供される土地を造成するため農地を農地以外のものにする場合

ソ　電気事業者又は独立行政法人水資源機構その他国

若しくは地方公共団体の出資により設立された法人が、ダムの建設に伴い移転が必要となる工場、住宅その他の施設の用に供される土地を造成するため農地を農地以外のものにする場合

ツ　事業協同組合等（独立行政法人中小企業基盤整備機構法施行令（平成十六年政令第百八十二号）第三条第一項第三号に規定する事業協同組合等をいう。以下同じ。）が同号に規定する事業の実施により工場、事業場その他の施設の用に供される土地を造成するため農地を農地以外のものにする場合

ネ　地方住宅供給公社、日本勤労者住宅協会若しくは土地開発公社又は一般社団法人若しくは一般財団法人が住宅又はこれに附帯する施設の用に供される土地を造成するため農地を農地以外のものにする場合であつて、当該農地がこれらの施設の用に供されることが確実と認められるとき。

ナ　土地開発公社が土地収用法第三条各号に掲げる施設を設置しようとする者から委託を受けてこれらの施設の用に供される土地を造成するため農地を農地以外のものにする場合であつて、当該農地がこれらの施設の用に供されることが確実と認められるとき。

ラ　農用地土壌汚染対策地域として指定された地域内にある農用地（農用地土壌汚染対策計画において農用地として利用すべき土地の区域として区分された土地の区域内にある農用地を除く。）その他の農用地の土壌の特定有害物質による汚染に起因して当該農用地で生産された農畜産物の流通が著しく困難であり、かつ、当該農用地の周辺の土地の利用状況からみて農用地以外の土地として利用することが適当であると認められる農用地の利用の合理化に資する事業の実施により農地を農地以外のものにする場合

四　申請に係る農地を農地以外のものにすることにより、土砂の流出又は崩壊その他の災害を発生させるおそれがあると認められる場合、農業用用排水施設の有する機能に支障を及ぼすおそれがあると認められる場合その他の周辺の農地に係る営農条件に支障を生ずるおそれがあると認められる場合

五　申請に係る農地を農地以外のものにすることにより、地域における効率的かつ安定的な農業経営を営む者に対する農地の利用の集積に支障を及ぼすおそれがあると認められる場合その他の地域における農地の農業上の効率的かつ総合的な利用の確保に支障を生ずるおそれがあると認められる場合として政令で定める場合

（地域における農地の農業上の効率的かつ総合的な利用の確保に支障を生ずるおそれがあると認められる場合）

第八条の二　法第四条第六項第五号の政令で定める場合は、申請に係る農地を農地以外のものにすることにより、地域の農業の振興に関する地方公共団体の計画（効率的かつ安定的な農業経営を営む者に対する農地の利用の集積を図るための措置その他の農地の農業上の効率的かつ総合的な利用の確保を図るための措置が講じられているものとして農林水産省令で定めるものに限る。）の円滑かつ確実な実施に支障を生ずるおそれがあると認められる場合として農林水産省令で定める場合とする。

（農地の転用により地域の農業の振興に関する地方公共団体の計画の円滑かつ確実な実施に支障を生ずるおそれがあると認められる場合）

第四十七条の二　令第八条の二の農林水産省令で定める計画は、農業経営基盤強化促進法第十八条第一項に規定する農用地利用集積計画（以下単に「農用地利用集積計画」という。）又は市町村農業振興地域整備計画とする。

第四十七条の三　令第八条の二の農林水産省令で定める場合は、次の各号のいずれかに該当する場合とする。

一　農業経営基盤強化促進法第十八条第五項の規定による申出（以下この号及び第五十七条の三第一号におい

六　仮設工作物の設置その他の一時的な利用に供するため農地を農地以外のものにしようとする場合において、その利用に供された後にその土地が耕作の目的に供されることが確実と認められないとき。

7　第一項の許可は、条件を付けてすることができる。

8　国又は都道府県等が農地を農地以外のものにしようとする場合（第一項各号のいずれかに該当する場合を除く。）にお

て単に「申出」という。）があつてから同法第十九条の規定による公告（同号において単に「公告」という。）があるまでの間において、当該申出に係る農地を農地以外のものにすることにより、当該申出に係る農用地利用集積計画に基づく農地の利用の集積に支障を及ぼすおそれがあると認められる場合

二　農用地区域（農業振興地域の整備に関する法律第八条第二項第一号に規定する農用地区域をいう。以下同じ。）を定めるための同法第十一条第一項（同法第十三条第四項において準用する場合を含む。）の規定による公告（以下この号及び第五十七条の三第二号において「計画案公告」という。）があつてから同法第十二条第一項（同法第十三条第四項において準用する場合を含む。同号において同じ。）の規定による公告（同号において「計画公告」という。）があるまでの間において、当該計画案公告に係る市町村農業振興地域整備計画の案に係る農地（農用地区域として定める区域内にあるものに限る。）を農地以外のものにすることにより、当該計画に基づく農地の農業上の効率的かつ総合的な利用の確保に支障を生ずるおそれがあると認められる場合

いては、国又は都道府県等と都道府県知事等との協議が成立することをもつて同項の許可があつたものとみなす。

9 都道府県知事等は、前項の協議を成立させようとするときは、あらかじめ、農業委員会の意見を聴かなければならない。

10 第四項及び第五項の規定は、農業委員会が前項の規定により意見を述べようとする場合について準用する。

11 第一項に規定するもののほか、指定市町村の指定及びその取消しに関し必要な事項は、政令で定める。

（指定市町村の指定等）

第九条 法第四条第一項の規定による指定（以下この条において「指定」という。）は、農林水産省令で定めるところにより、市町村の申請により行う。

2 農林水産大臣は、前項の申請をした市町村が次に掲げる基準の全てに適合すると認めるときは、指定をするものとする。

一 当該市町村において確保すべき農地

（指定の申請）

第四十八条 令第九条第一項の申請（以下この条において「申請」という。）は、申請書に次に掲げる書類を添えて、これらを農林水産大臣に提出してしなければならない。

一 申請に係る市町村（以下「申請市町村」という。）における令第九条第二項第一号の目標（以下「面積目標」という。）及びその算定根拠を記載した書類

二 申請市町村が行つた申請の日の属する年の前年以前五年の期間（以下「過去五年間」という。）における次条第二項第一号イからハまで及びホに掲げる事務の処理の状況の概要を記載した書類

三 指定により当該指定の日以後申請市町村の長が行うこととなる事務（以下「農地転用許可事務」という。）に関する組織図及び体制図

四 前三号に掲げるもののほか、農林水産大臣が必要と認める事項を記載した書類

（指定の基準）

第四十九条 農林水産大臣は、次に掲げる要件の全てを満

及び採草放牧地の面積の適切な目標を定めていること。

二　前号の目標を達成するために必要な農地又は採草放牧地の農業上の効率的かつ総合的な利用の確保に関する施策を適正に実施していること。

たす面積目標を定めている申請市町村を、令第九条第二項第一号に掲げる基準に適合すると認めるものとする。

一　農業振興地域の整備に関する法律第三条の二第一項に規定する基本指針及び同法第四条第一項の農業振興地域整備基本方針に沿つて、農地又は採草放牧地の面積のすう勢及び農地又は採草放牧地の農業上の効率的かつ総合的な利用の確保に関する施策の効果を適切に勘案していること。

二　地方公共団体が策定した土地利用に関する計画に基づき開発行為（農業振興地域の整備に関する法律第十五条の二第一項に規定する開発行為をいう。）が予定されていることその他の申請市町村として考慮すべき事情がある場合には、当該事情を適切に勘案していること。

2　農林水産大臣は、次に掲げる要件の全てを満たす申請市町村を、令第九条第二項第二号に掲げる基準に適合すると認めるものとする。

一　申請市町村が行つた過去五年間における次のイからホまでに掲げる事務の処理若しくは行為がそれぞれイからホまでに定める要件を満たしていること又は当該事務の処理若しくは行為が当該要件を満たしていない場合には、申請市町村が当該事務の処理若しくは行為について違反の是正若しくは改善を図つており、かつ、面積目標の達成に向けて農地若しくは採草放牧地の農業上の効率的かつ総合的な利用の確保に関する施策に取り組んでいると認められること。

イ　申請市町村が地方自治法（昭和二十二年法律第六十七号）第二百五十二条の十七の二第一項の条例の定めるところにより法第四条第一項及び第五条第一項又は農業振興地域の整備に関する法律第十五条の二第一項の許可に係る事務を処理することとされている場合における当該事務の処理法、令及びこの

省令又は農業振興地域の整備に関する法律、農業振興地域の整備に関する法律施行令（昭和四十四年政令第二百五十四号）及び農業振興地域の整備に関する法律施行規則に違反したことがないこと。

ロ　法第四条第三項（法第五条第三項において準用する場合を含む。）の規定による申請書の送付に係る事務の処理当該申請書に付された意見の内容が法第四条第一項又は第五条第一項の許可をすることが相当であるとするものである場合に、都道府県知事が当該許可の申請に対して法、令及びこの省令に定める要件を満たしていないとして不許可の処分を行つたことがないこと（地方自治法第百八十条の二の規定により申請市町村（同法第二百五十二条の十七の二第一項の条例の定めるところにより法第四条第一項及び第五条第一項の許可に係る事務を処理することとされているものを除く。）の委任を受けて、指定の日以後、農業委員会が農地転用許可事務を行うこととなる場合に限る。）。

ハ　農業振興地域の整備に関する法律第十三条第一項の規定による農業振興地域整備計画の変更のうち、農用地等（同法第三条に規定する農用地等をいう。）以外の用途に供することを目的として農用地区域内の土地を農用地区域から除外するために行う農用地区域の変更に係る事務の処理都道府県知事が当該変更に係る同法第十三条第四項において準用する同法第八条第四項の規定による協議において同法、農業振興地域の整備に関する法律施行令及び農業振興地域の整備に関する法律施行規則に定める要件を満たしていないとして同意しなかつたことがないこと。

ニ　第二十九条第六号の施設の敷地に供するため申請市町村の区域内にある農地を農地以外のものにする行為当該施設の公益性を考慮してもなお当該行為が

土地の農業上の利用の確保の観点から著しく適正を欠いていたと認められるものでないこと。

ホ　申請市町村が地方自治法第二百五十二条の十七の二第一項の条例の定めるところにより法第五十一条第一項の規定による処分若しくは命令又は農業振興地域の整備に関する法律第十五条の三の規定による命令に係る事務を処理することとされている場合における当該事務の処理当該事務の処理が著しく適正を欠いていたと認められるものでないこと。

二　指定の日以後の農地転用許可事務の処理を行う体制（以下「事務処理体制」という。）が次に掲げる要件の全てを満たしていること。

イ　農地転用許可事務に従事する職員を二名以上（過去五年間における法第四条第一項又は第五条第一項の許可の申請の年間平均件数が二十件以下である申請市町村にあつては、一名以上）配置すること。

ロ　イの職員のうち前号イからハまでの事務に通算して二年以上従事した経験（以下「従事経験」という。）を有するものの人数が二名以上（過去五年間における法第四条第一項又は第五条第一項の許可の申請の年間平均件数が二十件以下である申請市町村にあつては、一名以上）であること又は次に掲げる者の人数がそれぞれ一名以上であること。

(1)　イの職員であつて、従事経験を有するもの

(2)　イの職員であつて、農地転用許可事務の適正な処理を図るための農林水産省、都道府県又は都道府県機構が実施する研修を受けることにより従事経験を有する者と同等の法、令及びこの省令並びに農業振興地域の整備に関する法律、農業振興地域の整備に関する法律施行令及び農業振興地域の整備に関する法律施行規則に関する理解を有する

3　農林水産大臣は、指定をするため必要があると認めるときは、第一項の申請をした市町村の属する都道府県の知事の意見を聴くことができる。

4　農林水産大臣は、指定をしたときは、直ちに、その旨を、告示するとともに、第一項の申請をした市町村及び当該市町村の属する都道府県に通知しなければならない。

5　農林水産大臣は、指定をしないこととしたときは、遅滞なく、その旨及びその理由を、第一項の申請をした市町村に通知しなければならない。

6　指定があつた場合においては、その指定の際現に効力を有する都道府県知事が行つた許可等の処分その他の行為（以下この項において「処分等の行為」という。）又は現に都道府県知事に対してされている許可の申請その他の行為（以下この項において「申請等の行為」という。）で、当該指定により当該指定の日以後指定市町村の長が行うこととなる事務に係るものは、同日以後においては、当該指定市町村の長が行つた処分等の行為又は当該指定市町村の長に対してされた申請等の行為とみなす。

7　指定市町村の長は、農林水産省令で定めるところにより、第二項第一号の目標の達成状況及び指定により当該指定の日

と認められるもの

ハ　イ及びロに掲げる要件を満たす事務処理体制を継続的に確保できると認められること。

（面積目標の達成状況等の報告）

第四十九条の二　指定市町村は、毎年四月一日から同月末日までの間に、報告書に次に掲げる書類を添えて、農林水産大臣に提出しなければならない。

以後当該指定市町村の長が行うこととなつた事務の処理状況について、農林水産大臣に報告しなければならない。

8　農林水産大臣は、指定市町村が第二項各号に掲げる基準のいずれかに適合しなくなつたと認めるときは、当該指定を取り消すことができる。

9　第三項、第四項及び第六項の規定は、指定の取消しについて準用する。この場合において、第三項中「第一項の申請をした市町村」とあるのは「当該指定の取消しに係る指定市町村」と、第四項中「、告示するとともに、第一項の申請をした市町村」とあるのは「告示するとともに、その旨及びその理由を当該指定の取消しに係る市町村」と、第六項中「都道府県知事」とあるのは「指定市町村の長」と、「指定市町村の長」とあるのは「都道府県知事」と読み替えるものとする。

10　指定又はその取消しの日前にした行為に対する罰則の適用については、なお従前の例による。

11　前各項に規定するもののほか、指定及

一　面積目標の達成状況を記載した書類

二　前年の農地転用許可事務の処理の概要を記載した書類

2　前項の規定による場合のほか、指定市町村は、農林水産大臣の求めに応じ、農林水産大臣が必要と認める事項を記載した書類を提出しなければならない。

（指定の取消し）

第四十九条の三　令第九条第八項の規定による指定市町村が同条第二項各号に掲げる基準のいずれかに適合しなくなつたかどうかの判断は、指定市町村が次に掲げる場合のいずれかに該当する場合に行うものとする。

一　令第九条第七項の規定に違反した場合

二　法第五十八条第二項の指示に従わない場合

三　農地転用許可事務に係る地方自治法第二百四十五条の五第三項の規定による求めに応じない場合

（指定及びその取消しに関し必要な事項）

（農地又は採草放牧地の転用のための権利移動の制限）

第五条　農地を農地以外のものにするため又は採草放牧地を採草放牧地以外のもの（農地を除く。次項及び第四項において同じ。）にするため、これらの土地について第三条第一項本文に掲げる権利を設定し、又は移転する場合には、当事者が都道府県知事等の許可を受けなければならない。ただし、次の各号のいずれかに該当する場合は、この限りでない。

一　国又は都道府県等が、前条第一項第二号の農林水産省令で定める施設の用に供するため、これらの権利を取得する場合

二　農地又は採草放牧地を農業経営基盤強化促進法第十九条の規定による公告があつた農用地利用集積計画に定める利用目的に供するため当該農用地利用集積計画の定めるところによつて同法第四条第三項第一号の権利が設定され、又は移転される場合

三　農地又は採草放牧地を農地中間管理事業の推進に関する法律第十八条第七項の規定による公告があつた農用地利用配分計画に定める利用目的に供するため当該農用地利用配分計画の定めるところによつて賃借権又は使用貸借に

びその取消しに関し必要な事項は、農林水産省令で定める。

第四十九条の四　第四十八条から前条までに規定するもののほか、指定及びその取消しに関し必要な事項は、別に定めるところによる。

よる権利が設定され、又は移転される場合

四　農地又は採草放牧地を特定農山村地域における農林業等の活性化のための基盤整備の促進に関する法律第九条第一項の規定による公告があつた所有権移転等促進計画に定める利用目的に供するため当該所有権移転等促進計画の定めるところによつて同法第二条第三項第三号の権利が設定され、又は移転される場合

五　農地又は採草放牧地を農山漁村の活性化のための定住等及び地域間交流の促進に関する法律第八条第一項の規定による公告があつた所有権移転等促進計画に定める利用目的に供するため当該所有権移転等促進計画の定めるところによつて同法第五条第八項の権利が設定され、又は移転される場合

六　土地収用法その他の法律によつて農地若しくは採草放牧地又はこれらに関する権利が収用され、又は使用される場合

七　前条第一項第八号に規定する市街化区域内にある農地又は採草放牧地につき、政令で定めるところによりあらかじめ農業委員会に届け出て、農地及び採草放牧地以外のものにするためこれらの権利を取得する場合

（市街化区域内にある農地又は採草放牧地の転用のための権利移動についての届出）

第十条　法第五条第一項第七号の届出をしようとする者は、農林水産省令で定めるところにより、農林水産省令で定める事項を記載した届出書を農業委員会に提出しなければならない。

（市街化区域内の農地又は採草放牧地の転用のための権利移動の届出）

第五十条　令第十条第一項の規定により届出書を提出する場合には、当事者が連署するものとする。ただし、第十条第一項各号に掲げる場合は、この限りでない。

2　令第十条第一項の規定により届出書を提出する場合には、次に掲げる書類を添付しなければならない。

一　第二十六条第一号に掲げる書類

二　届出に係る農地又は採草放牧地が賃貸借の目的とな

八　その他農林水産省令で定める場合

2　農業委員会は、前項の規定により届出書の提出があつた場合において、当該届出を受理したときはその旨を、当該届出を受理しなかつたときはその旨及びその理由を、遅滞なく、当該届出をした者に書面で通知しなければならない。

つている場合には、その賃貸借につき法第十八条第一項の規定による解約等の許可があつたことを証する書面

三　届出に係る農地又は採草放牧地を農地及び採草放牧地以外のものにする行為が都市計画法第二十九条第一項の許可を受けることを必要とするものである場合には、その行為につきその許可を受けたことを証する書面

四　前項ただし書の規定により連署しないで届出書を提出する場合には、第十条第一項各号のいずれかに該当することを証する書面

（市街化区域内の農地又は採草放牧地の転用のための権利移動の届出書の記載事項）

第五十一条　令第十条第一項の農林水産省令で定める事項は、第十一条第一項第一号及び第四号、第二十七条第二号から第四号まで並びに第五十七条の五第三号に掲げる事項とする。

（市街化区域内の農地又は採草放牧地の転用のための権利移動の届出の受理通知書の記載事項）

第五十二条　令第十条第一項の規定により届出を受理した旨の通知をする書面には、次に掲げる事項を記載するものとする。

一　第二十八条各号に掲げる事項

二　届出に係る権利の種類及び設定又は移転の別

（農地又は採草放牧地の転用のための権利移動の制限の例外）

第五十三条　法第五条第一項第八号の農林水産省令で定める場合は、次に掲げる場合とする。

一　法第四十五条第一項の規定により農林水産大臣が管理することとされている農地又は採草放牧地を耕作及

び養畜の事業以外の事業に供するために貸し付けることにより法第三条第一項本文に掲げる権利が設定される場合

二　法第四十七条の規定によつて所有権が移転される場合

三　法第四十七条の規定による売払いに係る農地又は採草放牧地についてその売払いを受けた者がその売払いに係る目的に供するため第一号の権利を設定し、又は移転する場合

四　土地改良法に基づく土地改良事業を行う者がその事業に供するため第一号の権利を取得する場合

五　地方公共団体（都道府県等を除く。）がその設置する道路、河川、堤防、水路若しくはため池又はその他の施設で土地収用法第三条各号に掲げるもの（第二十五条第一号から第三号までに掲げる施設又は市役所、特別区の区役所若しくは町村役場の用に供する庁舎を除く。）の敷地に供するためその区域（地方公共団体の組合にあつては、その組合を組織する地方公共団体の区域）内にある農地又は採草放牧地につき第一号の権利を取得する場合

六　道路整備特別措置法第二条第四項に規定する会社又は地方道路公社が道路の敷地に供するため第一号の権利を取得する場合

七　独立行政法人水資源機構がダム、堰せき、堤防、水路若しくは貯水池の敷地又はこれらの施設の建設のために必要な道路若しくはこれらの施設の建設に伴い廃止される道路に代わるべき道路の敷地に供するため第一号の権利を取得する場合

八　独立行政法人鉄道建設・運輸施設整備支援機構又は全国新幹線鉄道整備法第九条第一項の規定による認可を受けた者が鉄道施設の敷地又は鉄道施設の建設のために必要な道路若しくは線路若しくは鉄道施設の建設

に伴い廃止される道路に代わるべき道路の敷地に供するため第一号の権利を取得する場合

九　成田国際空港株式会社が成田国際空港の敷地若しくは当該空港の建設のために必要な道路若しくは線路若しくは当該空港の建設に伴い廃止される道路に代わるべき道路の敷地に供するため、又は航空保安施設設置予定地の区域内にある農地若しくは採草放牧地について航空保安施設を設置するため第一号の権利を取得する場合

十　都市計画法第五十六条第一項、第五十七条第三項若しくは第六十七条第二項の規定によつて又は同法第六十八条第一項の規定による請求によつて都市計画事業に供するため市街化区域内にある農地又は採草放牧地につき所有権が移転される場合

十一　電気事業者が送電用電気工作物等の敷地に供するため第一号の権利を取得する場合

十二　地方公共団体（都道府県を除く。）、独立行政法人都市再生機構、地方住宅供給公社、土地開発公社、独立行政法人中小企業基盤整備機構又は指定法人が市街化区域（指定法人にあつては、指定計画に係る市街化区域）内にある農地又は採草放牧地につき第一号の権利を取得する場合

十三　独立行政法人都市再生機構が特定公共施設又はその施設の建設のために必要な道路若しくはその施設の建設に伴い廃止される道路に代わるべき道路の敷地に供するため第一号の権利を取得する場合

十四　認定電気通信事業者が有線電気通信のための線路、空中線系（その支持物を含む。）若しくは中継施設又はこれらの施設を設置するために必要な道路若しくは索道の敷地に供するため第一号の権利を取得する場合

十五　地方公共団体（都道府県を除く。）又は災害対策

2　前項の許可は、次の各号のいずれかに該当する場合には、することができない。ただし、第一号及び第二号に掲げる場合において、土地収用法第二十六条第一項の規定による告示に係る事業の用に供するため第三条第一項本文に掲げる権利を取得しようとするとき、第一号イに掲げる農地又は採草放牧地につき農用地利用計画において指定された用途に供するためこれらの権利を取得しようとするときその他政令で定める相当の事由があるときは、この限りでない。

（農地又は採草放牧地の転用のための権利移動の不許可の例外）

第十一条　法第五条第二項第一号に掲げる場合の同項ただし書の政令で定める相当の事由は、次の各号に掲げる農地又は採草放牧地の区分に応じ、それぞれ当該各

基本法第二条第五号に規定する指定公共機関若しくは同条第六号に規定する指定地方公共機関が行う非常災害の応急対策又は復旧であつて、当該機関の所掌業務に係る施設について行うもののために必要な施設の敷地に供するため第一号の権利を取得する場合

十六　特定地方公共団体である市町村又は特定被災市町村が、東日本大震災又は特定大規模災害からの復興のために定める集団移転促進事業計画に係る移転促進区域内にある農地又は採草放牧地を、耕作及び養畜の事業以外の事業に供するため当該集団移転促進事業計画に基づき実施する集団移転促進事業により取得する場合

十七　ガス事業者が、ガス導管の変位の状況を測定する設備又はガス導管の防食措置の状況を検査する設備の敷地に供するため第一号の権利を取得する場合

十八　家畜伝染病予防法第二十一条第一項又は第四項の規定による焼却又は埋却の用に供するため第一号の権利を取得する場合

号に掲げる事由とする。

一　法第五条第二項第一号イに掲げる農地又は採草放牧地法第三条第一項本文に掲げる権利の取得が次の全てに該当すること。

イ　申請に係る農地又は採草放牧地を仮設工作物の設置その他の一時的な利用に供するために行うものであつて、当該利用の目的を達成する上で当該農地又は採草放牧地を供することが必要であると認められるものであること。

ロ　農業振興地域整備計画の達成に支障を及ぼすおそれがないと認められるものであること。

二　法第五条第二項第一号ロに掲げる農地又は採草放牧地法第三条第一項本文に掲げる権利の取得が第四条第一項第二号ヘ、前号イ又は次のいずれかに該当すること。

イ　申請に係る農地又は採草放牧地を第四条第一項第二号イに掲げる施設の用に供するために行われるものであること。

ロ　申請に係る農地又は採草放牧地を第四条第一項第二号ロの農林水産省令で定める施設の用に供するために行われるものであること。

ハ　申請に係る農地又は採草放牧地を第四条第一項第二号ハの農林水産省令で定める事業の用に供するために行われるものであること。

一　次に掲げる農地又は採草放牧地につき第三条第一項本文に掲げる権利を取得しようとする場合

イ　農用地区域内にある農地又は採草放牧地

ロ　イに掲げる農地又は採草放牧地以外の農地又は採草放牧地で、集団的に存在する農地又は採草放牧地その他の良好な営農条件を備えている農地又は採草放牧地として政令で定めるもの（市街化調整区域内にある政令で定める農地又は採草放牧地以外

ニ　申請に係る農地又は採草放牧地をこれらに隣接する土地と一体として同一の事業の目的に供するために行うもの（当該農地又は採草放牧地の位置、面積等が農林水産省令で定める基準基準に適合するものに限る。）であつて、当該事業の目的を達成する上で当該農地又は採草放牧地を供することが必要であると認められるものであること。

ホ　申請に係る農地又は採草放牧地を第四条第一項第二号ホの農林水産省令で定める事業の用に供するために行われるものであること。

2　法第五条第二項第二号に掲げる場合の同項ただし書の政令で定める相当の事由は、法第三条第一項本文に掲げる権利の取得が第四条第一項第二号ヘ又は前項第二号イ、ロ若しくはホのいずれかに該当することとする。

（良好な営農条件を備えている農地又は採草放牧地）

第十二条　法第五条第二項第一号ロの良好な営農条件を備えている農地又は採草放牧地として政令で定めるものは、次に掲

（隣接する土地と同一の事業の目的に供するための農地又は採草放牧地の転用）

第五十四条　令第十一条第一項第二号ニの農林水産省令で定める基準は、申請に係る事業の目的に供すべき土地の面積に占める申請に係る法第五条第二項第一号ロに掲げる土地の面積の割合が三分の一を超えず、かつ、申請に係る事業の目的に供すべき土地の面積に占める申請に係る令第十三条に掲げる土地の面積の割合が五分の一を超えないこととする。

の農地又は採草放牧地にあつては、次に掲げる農地又は採草放牧地を除く。）

げる農地又は採草放牧地とする。

一　おおむね十ヘクタール以上の規模の一団の農地又は採草放牧地の区域内にある農地又は採草放牧地

二　特定土地改良事業等の施行に係る区域内にある農地又は採草放牧地

三　傾斜、土性その他の自然的条件からみてその近傍の標準的な農地又は採草放牧地を超える生産をあげることができると認められる農地又は採草放牧地

第十三条　法第五条第二項第一号ロの市街化調整区域内にある政令で定める農地又は採草放牧地は、次に掲げる農地又は採草放牧地とする。

一　前条第一号に掲げる農地又は採草放牧地のうち、その面積、形状その他の条件が農作業を効率的に行うのに必要なものとして農林水産省令で定める基準に適合するもの

二　前条第二号に掲げる農地又は採草放牧地のうち、特定土地改良事業等の工事が完了した年度の翌年度の初日から起算して八年を経過したもの以外のもの（特定土地改良事業等のうち農地若しくは採草放牧地を開発すること又は農地若しくは採草放牧地の形質に変更を加えることによつて当該農地若しくは採草放牧地を改良し、若しくは保全することを目的とする事業で農林水産省令で定める基準に適合するものの施行に係る区域内にあるものに限る。）

（農作業を効率的に行うのに必要な条件）

第五十五条　令第十三条第一号の農林水産省令で定める基準は、第四十一条に規定する要件を満たしていることとする。

（土地の区画形質の変更等に係る特定土地改良事業等）

第五十六条　令第十三条第二号の農林水産省令で定める基準は、申請に係る事業が第四十二条各号に掲げる要件を満たしていることとする。

(1) 市街地の区域内又は市街地化の傾向が著しい区域内にある農地又は採草放牧地で政令で定めるもの

(2) (1)の区域に近接する区域その他市街地化が見込まれる区域内にある農地又は採草放牧地で政令で定めるもの

二 前号イ及びロに掲げる農地（同号ロ(1)に掲げる農地を含む。）以外の農地を農地以外のものにするため第三条第一項本文に掲げる権利を取得しようとする場合又は同号イ及びロに掲げる採草放牧地（同号ロ(1)に掲げる採草放牧地を含む。）以外の採草放牧地を採草放牧地以外のものにするためこれらの権利を取得しようとする場合において、申請に係る農地又は採草放牧地に代えて周辺の他の土地を供することにより当該申請に係る事業の目的を達成することができると認められるとき。

三 第三条第一項本文に掲げる権利を取得しようとする者に申請に係る農地を農地以外のものにする行為又は申請に係る採草放牧地を採草放牧地以外のものにする行為を行うために必要な資力及び信用があると認められないこと、申請に係る農地を農地以外のものにす

（市街地の区域内又は市街地化の傾向が著しい区域内にある農地又は採草放牧地）

第十四条 法第五条第二項第一号ロ(1)の政令で定めるものは、第七条各号に掲げる区域内にある農地又は採草放牧地とする。

（市街地化が見込まれる区域内にある農地又は採草放牧地）

第十五条 法第五条第二項第一号ロ(2)の政令で定めるものは、第八条各号に掲げる区域内にある農地又は採草放牧地とする。

る行為又は申請に係る採草放牧地を採草放牧地以外のものにする行為の妨げとなる権利を有する者の同意を得ていないことその他農林水産省令で定める事由により、申請に係る農地又は採草放牧地の全てを住宅の用、事業の用に供する施設の用その他の当該申請に係る用途に供することが確実と認められない場合

（申請に係る農地又は採草放牧地の全てを申請に係る用途に供することが確実と認められない事由）

第五十七条　法第五条第二項第三号の農林水産省令で定める事由は、次のとおりとする。

一　法第五条第一項の許可を受けた後、遅滞なく、申請に係る農地又は採草放牧地を申請に係る用途に供する見込みがないこと。

二　申請に係る事業の施行に関して行政庁の免許、許可、認可等の処分を必要とする場合においては、これらの処分がされなかつたこと又はこれらの処分がされる見込みがないこと。

二の二　申請に係る事業の施行に関して法令により義務付けられている行政庁との協議を現に行つていること。

三　申請に係る農地又は採草放牧地と一体として申請に係る事業の目的に供する土地を利用できる見込みがないこと。

四　申請に係る農地又は採草放牧地の面積が申請に係る事業の目的からみて適正と認められないこと。

五　申請に係る事業が工場、住宅その他の施設の用に供される土地の造成（その処分を含む。）のみを目的とするものであること。ただし、次に掲げる場合は、この限りでない。

イ　農業構造の改善に資する事業の実施により農業の振興に資する施設の用に供される土地を造成するため法第三条第一項本文に掲げる権利が設定され、又は移転される場合であつて、申請に係る農地又は採草放牧地が当該施設の用に供されることが確実と認められるとき。

ロ　農業協同組合が農業協同組合法第十条第五項に規定する事業の実施により工場、住宅その他の施設の

用に供される土地を造成するため法第三条第一項本文に掲げる権利を取得する場合であつて、申請に係る農地又は採草放牧地がこれらの施設の用に供されることが確実と認められるとき。

ハ　農地中間管理機構が農業用施設の用に供される土地を造成するため法第三条第一項本文に掲げる権利を取得する場合であつて、申請に係る農地又は採草放牧地が当該施設の用に供されることが確実と認められるとき。

ニ　第三十八条に規定する計画に従つて工場、住宅その他の施設の用に供される土地を造成するため法第三条第一項本文に掲げる権利が設定され、又は移転される場合

ホ　非農用地区域内において当該非農用地区域に係る土地改良事業計画に定められた用途に供される土地を造成するため法第三条第一項本文に掲げる権利が設定され、又は移転される場合であつて、申請に係る農地又は採草放牧地が当該用途に供されることが確実と認められるとき。

ヘ　都市計画法第八条第一項第一号に規定する用途地域が定められている土地の区域（農業上の土地利用との調整が調つたものに限る。）内において工場、住宅その他の施設の用に供される土地を造成するため法第三条第一項本文に掲げる権利が設定され、又は移転される場合であつて、申請に係る農地又は採草放牧地がこれらの施設の用に供されることが確実と認められるとき。

ト　都市計画法第十二条の五第一項に規定する地区計画が定められている区域（農業上の土地利用との調整が調つたものに限る。）内において、同法第三十四条第十号の規定に該当するものとして同法第二十九条第一項の許可を受けて住宅又はこれに附帯

する施設の用に供される土地を造成するため法第三条第一項本文に掲げる権利が設定され、又は移転される場合であつて、申請に係る農地又は採草放牧地がこれらの施設の用に供されることが確実と認められるとき。

チ　集落地域整備法第五条第一項に規定する集落地区計画が定められている区域（農業上の土地利用との調整が調つたものに限る。）内において集落地区整備計画に定められる建築物等に関する事項に適合する建築物等の用に供される土地を造成するため法第三条第一項本文に掲げる権利が設定され、又は移転される場合であつて、申請に係る農地又は採草放牧地がこれらの建築物等の用に供されることが確実と認められるとき。

リ　国（国が出資している法人を含む。）の出資により設立された法人、地方公共団体の出資により設立された一般社団法人若しくは一般財団法人、土地開発公社又は農業協同組合若しくは農業協同組合連合会が、農村地域への産業の導入の促進等に関する法律第五条第一項に規定する実施計画に基づき同条第二項第一号に規定する産業導入地区内において同条第三項第一号に規定する施設の用に供される土地を造成するため法第三条第一項本文に掲げる権利を取得する場合

ヌ　総合保養地域整備法第七条第一項に規定する同意基本構想に基づき同法第四条第二項第三号に規定する重点整備地区内において同法第二条第一項に規定する特定施設の用に供される土地を造成するため法第三条第一項本文に掲げる権利が設定され、又は移転される場合であつて、申請に係る農地又は採草放牧地が当該施設の用に供されることが確実と認められるとき。

ル　削除

ヲ　多極分散型国土形成促進法第十一条第一項に規定する同意基本構想に基づき同法第七条第二項第二号に規定する重点整備地区内において同項第三号に規定する中核的施設の用に供される土地を造成するため法第三条第一項本文に掲げる権利が設定され、又は移転される場合であつて、申請に係る農地又は採草放牧地が当該施設の用に供されることが確実と認められるとき。

ワ　地方拠点都市地域の整備及び産業業務施設の再配置の促進に関する法律第八条第一項に規定する同意基本計画に基づき同法第二条第二項に規定する拠点地区内において同項の事業として住宅及び住宅地若しくは同法第六条第五項に規定する教養文化施設等の用に供される土地を造成するため又は同条第四項に規定する拠点地区内において同法第二条第三項に規定する産業業務施設の用に供される土地を造成するため法第三条第一項本文に掲げる権利が設定され、又は移転される場合であつて、申請に係る農地又は採草放牧地がこれらの施設の用に供されることが確実と認められるとき。

カ　地域経済牽引事業の促進による地域の成長発展の基盤強化に関する法律第十四条第二項に規定する承認地域経済牽引事業計画に基づき同法第十一条第二項第一号に規定する土地利用調整区域内において同法第十三条第三項第一号に規定する施設の用に供される土地を造成するため法第三条第一項本文に掲げる権利が設定され、又は移転される場合であつて、申請に係る農地又は採草放牧地が当該施設の用に供されることが確実と認められるとき。

ヨ　削除

タ　大都市地域における優良宅地開発の促進に関する

緊急措置法第三条第一項の認定を受けた宅地開発事業計画に従つて住宅その他の施設の用に供される土地を造成するため法第三条第一項本文に掲げる権利が設定され、又は移転される場合であつて、申請に係る農地又は採草放牧地がこれらの施設の用に供されることが確実と認められるとき。

レ　地方公共団体（都道府県等を除く。）又は独立行政法人都市再生機構その他国（国が出資している法人を含む。）の出資により設立された地域の開発を目的とする法人が工場、住宅その他の施設の用に供される土地を造成するため法第三条第一項本文に掲げる権利を取得する場合

ソ　電気事業者又は独立行政法人水資源機構その他国若しくは地方公共団体の出資により設立された法人が、ダムの建設に伴い移転が必要となる工場、住宅その他の施設の用に供される土地を造成するため法第三条第一項本文に掲げる権利を取得する場合

ツ　事業協同組合等が独立行政法人中小企業基盤整備機構法施行令第三条第一項第三号に規定する事業の実施により工場、事業場その他の施設の用に供される土地を造成するため法第三条第一項本文に掲げる権利を取得する場合

ネ　地方住宅供給公社、日本勤労者住宅協会若しくは土地開発公社又は一般社団法人若しくは一般財団法人が住宅又はこれに附帯する施設の用に供される土地を造成するため法第三条第一項本文に掲げる権利を取得する場合であつて、申請に係る農地又は採草放牧地がこれらの施設の用に供されることが確実と認められるとき。

ナ　土地開発公社が土地収用法第三条各号に掲げる施設を設置しようとする者から委託を受けてこれらの施設の用に供される土地を造成するため法第三条第

四　申請に係る農地を農地以外のものにすること又は申請に係る採草放牧地を採草放牧地以外のものにすることにより、土砂の流出又は崩壊その他の災害を発生させるおそれがあると認められる場合、農業用用排水施設の有する機能に支障を及ぼすおそれがあると認められる場合その他の周辺の農地又は採草放牧地に係る営農条件に支障を生ずるおそれがあると認められる場合

五　申請に係る農地を農地以外のものにすること又は申請に係る採草放牧地を採草放牧地以外のものにすることにより、地域における効率的かつ安定的な農業経営を営む者に対する農地又は採草放牧地の利用の集積に支障を及ぼすおそれがあると認められる場合その他の地域における農地又は採草放牧地の

（地域における農地又は採草放牧地の農業上の効率的かつ総合的な利用の確保に

一項本文に掲げる権利を取得する場合であつて、申請に係る農地又は採草放牧地がこれらの施設の用に供されることが確実と認められるとき。

ラ　農用地土壌汚染対策地域として指定された地域内にある農用地（農用地土壌汚染対策計画において農用地として利用すべき土地の区域として区分された土地の区域内にある農用地を除く。）その他の農用地の土壌の特定有害物質による汚染に起因して当該農用地で生産された農畜産物の流通が著しく困難であり、かつ、当該農用地の周辺の土地の利用状況からみて農用地以外の土地として利用することが適当であると認められる農用地の利用の合理化に資する事業の実施により法第三条第一項本文に掲げる権利が設定され、又は移転される場合

農業上の効率的かつ総合的な利用の確保に支障を生ずるおそれがあると認められる場合として政令で定める場合

支障を生ずるおそれがあると認められる場合）

第十五条の二　法第五条第二項第五号の政令で定める場合は、申請に係る農地を農地以外のものにすること又は申請に係る採草放牧地を採草放牧地以外のもの（農地を除く。）にすることにより、地域の農業の振興に関する地方公共団体の計画（効率的かつ安定的な農業経営を営む者に対する農地又は採草放牧地の利用の集積を図るための措置その他の農地又は採草放牧地の農業上の効率的かつ総合的な利用の確保を図るための措置が講じられているものとして農林水産省令で定めるものに限る。）の円滑かつ確実な実施に支障を生ずるおそれがあると認められる場合とする。

（農地又は採草放牧地の転用のための権利移動により地域の農業の振興に関する地方公共団体の計画の円滑かつ確実な実施に支障を生ずるおそれがあると認められる場合）

第五十七条の二　令第十五条の二の農林水産省令で定める計画は、農用地利用集積計画又は市町村農業振興地域整備計画とする。

第五十七条の三　令第十五条の二の農林水産省令で定める場合は、次の各号のいずれかに該当する場合とする。

一　申出があつてから公告があるまでの間において、当該申出に係る農地を農地以外のものにすること又は当該申出に係る採草放牧地を採草放牧地以外のもの（農地を除く。次号において同じ。）にすることにより、当該申出に係る農用地利用集積計画に基づく農地又は採草放牧地の利用の集積に支障を及ぼすおそれがあると認められる場合

二　計画案公告があつてから計画公告があるまでの間において、当該計画案公告に係る市町村農業振興地域整備計画の案に係る農地（農用地区域として定める区域内にあるものに限る。）を農地以外のものにすること又は当該計画案公告に係る市町村農業振興地域整備計

六　仮設工作物の設置その他の一時的な利用に供するため所有権を取得しようとする場合

七　仮設工作物の設置その他の一時的な利用に供するため、農地につき所有権以外の第三条第一項本文に掲げる権利を取得しようとする場合においてその利用に供された後にその土地が耕作の目的に供されることが確実と認められないとき、又は採草放牧地につきこれらの権利を取得しようとする場合においてその利用に供された後にその土地が耕作の目的若しくは主として耕作若しくは養畜の事業のための採草若しくは家畜の放牧の目的に供されることが確実と認められないとき。

八　農地を採草放牧地にするため第三条第一項本文に掲げる権利を取得しようとする場合において、同条第二項の規定により同条第一項の許可をすることができない場合に該当すると認められるとき。

3　第三条第五項及び第六項並びに前条第二項から第五項までの規定は、第一項の場合に準用する。この場合において、同

画の案に係る採草放牧地（農用地区域として定める区域内にあるものに限る。）を採草放牧地以外のものにすることにより、当該計画に基づく農地又は採草放牧地の農業上の効率的かつ総合的な利用の確保に支障を生ずるおそれがあると認められる場合

（農地又は採草放牧地の転用のための権利移動についての許可申請）

第五十七条の四　法第五条第三項において準用する法第四条第二項の規定により申請書を提出する場合には、当事者が連署するものとする。ただし、第十条第一項各号に

条第四項中「申請書が」とあるのは「申請書が、農地を農地以外のものにするため又は採草放牧地を採草放牧地以外のもの（農地を除く。）にするためこれらの土地について第三条第一項本文に掲げる権利を取得する行為であつて、」と、「農地を農地以外のものにする行為」とあるのは「農地又はその農地と併せて採草放牧地についてこれらの権利を取得するもの」と読み替えるものとする。

掲げる場合は、この限りでない。

2　法第五条第三項において準用する法第四条第二項の規定により申請書を提出する場合には、次に掲げる書類を添付しなければならない。

一　第三十条第一号から第四号までに掲げる書類

二　申請に係る農地又は採草放牧地を転用する行為の妨げとなる権利を有する者がある場合には、その同意があつたことを証する書面

三　申請に係る農地又は採草放牧地が土地改良区の地区内にある場合には、当該土地改良区の意見書（意見を求めた日から三十日を経過してもなおその意見を得られない場合には、その事由を記載した書面）

四　前項ただし書の規定により連署しないで申請書を提出する場合にあつては、第十条第一項各号のいずれかに該当することを証する書面

五　その他参考となるべき書類

（農地又は採草放牧地の転用のための権利移動についての許可申請書の記載事項）

第五十七条の五　法第五条第三項において準用する法第四条第二項の農林水産省令で定める事項は、次に掲げる事項とする。

一　第十一条第一項第一号から第四号までに掲げる事項

二　第三十一条第四号及び第五号に掲げる事項

三　転用することによつて生ずる付近の農地又は採草放牧地、作物等の被害の防除施設の概要

四　その他参考となるべき事項

（申請書を送付すべき期間）

第五十七条の六　法第五条第三項において準用する法第四条第三項の農林水産省令で定める期間は、申請書の提出があつた日の翌日から起算して四十日（法第五条第三項において準用する法第四条第四項又は第五項の規定により都道府県機構の意見を聴くときは、八十日）とする。

4　国又は都道府県等が、農地を農地以外のものにするため又は採草放牧地を採草放牧地以外のものにするため、これらの土地について第三条第一項本文に掲げる権利を取得しようとする場合（第一項各号のいずれかに該当する場合を除く。）においては、国又は都道府県等と都道府県知事等との協議が成立することをもつて第一項の許可があつたものとみなす。

5　前条第九項及び第十項の規定は、都道府県知事等が前項の協議を成立させようとする場合について準用する。この場合において、同条第十項中「準用する」とあるのは、「準用する。この場合において、第四項中「申請書が」とあるのは「申請書が、農地を農地以外のものにするため又は採草放牧地を採草放牧地以外のもの（農地を除く。）にするためこれらの土地について第三条第一項本文に掲げる権利を取得する行為であつて、」と、「農地を農地以外のものにする行為」とあるのは「農地又はその農地と併せて採草放牧地についてこれらの権利を取得するもの」と読み替えるものとする」と読み替えるものとする。

（農作物栽培高度化施設に関する特例）

ただし、法第五条第三項において準用する法第四条第三項の規定により農業委員会が当該申請書に法第五条第一項の許可をすることが相当であるとする内容の意見を付そうとする場合において都道府県機構が当該許可をしないことが相当であるとする内容の意見を述べたときその他の特段の事情がある場合は、この限りでない。

（農作物栽培高度化施設を設置するための届出）

第四十三条　農林水産省令で定めるところにより農業委員会に届け出て農作物栽培高度化施設の底面とするために農地をコンクリートその他これに類するもので覆う場合における農作物栽培高度化施設の用に供される当該農地については、当該農作物栽培高度化施設において行われる農作物の栽培を耕作に該当するものとみなして、この法律の規定を適用する。この場合において、必要な読替えその他当該農地に対するこの法律の規定の適用に関し必要な事項は、政令で定める。

2　前項の「農作物栽培高度化施設」とは、農作物の栽培の用に供する施設であつて農作物の栽培の効率化又は高度化を図るためのもののうち周辺の農地に係る営農条件に支障を生ずるおそれがないものとして農林水産省令で定めるものをいう。

第四十四条　農業委員会は、前条第一項の規定による届出に係る同条第二項に規定する農作物栽培高度化施設（以下「農作物栽培高度化施設」という。）において農作物の栽培が行われていない場合には、当該農作物栽培高度化施設の用に供される土地の所有者等に対し、相当の期限を定めて、農作物栽培高度化施設において農作物の栽培を行うべきことを勧告することができる。

第八十八条の二　法第四十三条第一項の規定による届出は、次に掲げる事項を記載した届出書を提出してしなければならない。

一　届出者の氏名及び住所（法人にあつては、名称、主たる事務所の所在地、業務の内容及び代表者の氏名）

二　届出に係る土地の所在、地番、地目、面積及び所有者の氏名又は名称

三　届出に係る施設の面積、高さ、軒の高さ及び構造

四　届出に係る施設を設置する時期

2　前項の届出書には、次に掲げる書類を添付しなければならない。ただし、第四号に掲げる図面については、農作物栽培高度化施設の底面とするために既存の施設の底面をコンクリートその他これに類するもので覆うときは、当該図面を添付することを要しない。

一　申請者が法人である場合には、法人の登記事項証明書及び定款又は寄附行為の写し

二　土地の登記事項証明書

三　届出に係る施設の位置、当該施設の配置状況及び次条第四号において掲げる標識の位置を示す図面

四　届出に係る施設の屋根又は壁面を透過性のないもので覆う場合には、周辺の農地に係る日照に影響を及ぼすおそれがないものとして農林水産大臣が定める施設の高さに関する基準に適合するものであることを明らかにする図面

五　農作物の栽培の時期、生産量、主たる販売先及び届出に係る施設の設置に関する資金計画その他当該施設で行う事業の概要を明らかにする事項について記載した営農に関する計画

六　次に掲げる要件の全てを満たすことを証する書面

イ　届出に係る施設における農作物の栽培が行われていない場合その他栽培が適正に行われていないと認められる場合には、当該施設の改築その他の適切な

是正措置を講ずることについて同意したこと。

ロ　周辺の農地に係る日照に影響を及ぼす場合、届出に係る施設から生ずる排水の放流先の機能に支障を及ぼす場合その他周辺の農地に係る営農条件に支障が生じた場合には、適切な是正措置を講ずることについて同意したこと。

七　次の各号に掲げる区分に応じ、届出に係る施設の設置についてそれぞれ当該各号に定める者の同意があつたことを証する書面

イ　届出に係る施設から生ずる排水を河川又は用排水路に放流する場合　当該河川又は用排水路の管理者

ロ　届出に係る土地が所有権以外の権原に基づいて施設の用に供される場合　当該土地の所有権を有する者

八　届出に係る施設の設置に当たつて、行政庁の許可、認可、承認その他これらに類するもの（以下この号及び次条において「許認可等」という。）を必要とする場合には、当該行政庁の許認可等を受けていること又は受ける見込みがあることを証する書面

九　前各号のほか、届出に係る施設が次条第二号ロに掲げるその他周辺の農地に係る営農条件に著しい支障を生ずるおそれがある場合において、当該支障が生じないことを証する書類

（農作物栽培高度化施設の基準）

第八十八条の三　法第四十三条第二項の農林水産省令で定める施設は、次の各号に掲げる要件の全てに該当するものをいう。

一　届出に係る施設が専ら農作物の栽培の用に供されるものであること。

二　周辺の農地に係る営農条件に支障を生ずるおそれがないものとして届出に係る施設が次に掲げる要件の全

（違反転用に対する処分）

第五十一条　都道府県知事等は、政令で定めるところにより、次の各号のいずれかに該当する者（以下この条において「違反転用者等」という。）に対して、土地の農業上の利用の確保及び他の公益並びに関係人の利益を衡量して特に必要があると認めるときは、その必要の限度において、第四条若しくは第五条の規定によつてした許可を取り消し、その条件を変更し、若しくは新たに条件を付し、又は工事その他の行為の停止を命じ、若しくは相当の期限を定めて原状回復その他違反を是正するため必要な措置（以下この

（違反転用者等に対する処分又は命令）

第三十四条　法第五十一条第一項の規定による処分又は命令は、法第四条第一項又は第五条第一項の許可に付した条件に違反している者及びその者から当該違反に係る土地について工事その他の行為を請け負つた者又はその工事その他の行為の下請人並びに偽りその他不正の手段によりこれらの許可を受けた者に対してはその許可をした都道府県知事等が、その他の者に対しては都道府県知事等がするものとする。

てに該当するものであること。

イ　周辺の農地に係る日照に影響を及ぼすおそれがないものとして農林水産大臣が定める施設の高さに関する基準に適合するものであること。

ロ　届出に係る施設から生ずる排水の放流先の機能に支障を及ぼさないために当該施設の設置について当該放流先の管理者の同意があつたことその他周辺の農地に係る営農条件に著しい支障が生じないように必要な措置が講じられていること。

三　届出に係る施設の設置に必要な行政庁の許認可等を受けていること又は受ける見込みがあること。

四　届出に係る施設が法第四十三条第二項に規定する施設であることを明らかにするための標識の設置その他適当な措置が講じられていること。

五　届出に係る土地が所有権以外の権原に基づいて施設の用に供される場合には、当該施設の設置について当該土地の所有権を有する者の同意があつたこと。

条において「原状回復等の措置」という。）を講ずべきことを命ずることができる。

一　第四条第一項若しくは第五条第一項の規定に違反した者又はその一般承継人

二　第四条第一項又は第五条第一項の許可に付した条件に違反している者

三　前二号に掲げる者から当該違反に係る土地について工事その他の行為を請け負つた者又はその工事その他の行為の下請人

四　偽りその他不正の手段により、第四条第一項又は第五条第一項の許可を受けた者

2　前項の規定による命令をするときは、農林水産省令で定める事項を記載した命令書を交付しなければならない。

3　都道府県知事等は、第一項に規定する場合において、次の各号のいずれかに該当すると認めるときは、自らその原状回復等の措置の全部又は一部を講ずることができる。この場合において、第二号に該当すると認めるときは、相当の期限を定めて、当該原状回復等の措置を講ずべき旨及びその期限までに当該原状回復等の措置を講じないときは、自ら当該原状回復等の措置を講じ、当該措置に要した費用を徴収する旨を、あらかじめ、公告しなければならない。

一　第一項の規定により原状回復等の措置を講ずべきことを命ぜられた違反転用者等が、当該命令に係る期限までに

（命令書の記載事項）

第九十九条　法第五十一条第二項の農林水産省令で定める事項は、次に掲げる事項とする。

一　停止すべき工事その他の行為又は講ずべき原状回復等の措置の内容

二　命令の年月日及び原状回復等の措置を講ずべき旨の命令をするときは、その履行期限

三　命令を行う理由

四　法第五十一条第三項第一号に該当すると認められるときは、同項の規定により原状回復等の措置の全部又は一部を都道府県知事等が自ら講ずることがある旨及び当該原状回復等の措置に要した費用を徴収することがある旨

当該命令に係る措置を講じないとき、講じても十分でないとき、又は講ずる見込みがないとき。

二　第一項の規定により原状回復等の措置を講ずべきことを命じようとする場合において、相当な努力が払われたと認められるものとして政令で定める方法により探索を行つてもなお当該原状回復等の措置を命ずべき違反転用者等を確知することができないとき。

三　緊急に原状回復等の措置を講ずる必要がある場合において、第一項の規定により原状回復等の措置を講ずべきことを命ずるいとまがないとき。

4　都道府県知事等は、前項の規定により同項の原状回復等の措置の全部又は一部を講じたときは、当該原状回復等の措置に要した費用について、農林水産省令で定めるところにより、当該違反転用者等に負担させることができる。

5　前項の規定により負担させる費用の徴収については、行政代執行法第五条及び第六条の規定を準用する。

（違反転用に対する措置の要請）

第五十二条の四　農業委員会は、必要があると認めるときは、都道府県知事等に対し、第五十一条第一項の規定による命令その他必要な措置を講ずべきことを要請することができる。

（原状回復等の措置に係る費用負担）

第百条　都道府県知事等は、法第五十一条第四項の規定により当該原状回復等の措置に要した費用を負担させようとする場合においては、当該違反転用者等に対し、その者に負担させようとする費用の額の算定基礎を明示するものとする。

第六章　罰則

第六十四条　次の各号のいずれかに該当する者は、三年以下の懲役又は三百万円以下の罰金に処する。

一　第三条第一項、第四条第一項、第五条第一項又は第十八条第一項の規定に違反した者

二　偽りその他不正の手段により、第三条第一項、第四条第一項、第五条第一項又は第十八条第一項の許可を受けた者

三　第五十一条第一項の規定による都道府県知事等の命令に違反した者

第六十七条　法人の代表者又は法人若しくは人の代理人、使用人その他の従業者が、その法人又は人の業務又は財産に関し、次の各号に掲げる規定の違反行為をしたときは、行為者を罰するほか、その法人に対して当該各号に定める罰金刑を、その人に対して各本条の罰金刑を科する。

一　第六十四条第一号若しくは第二号（これらの規定中第四条第一項又は第五条第一項に係る部分に限る。）又は第三号　一億円以下の罰金刑

二　第六十四条（前号に係る部分を除く。）又は前二条各本条の罰金刑

附　則　抄

（農林水産大臣に対する協議）

2　都道府県知事等は、当分の間、次に掲げる場合には、あらかじめ、農林水産大

附　則　抄

臣に協議しなければならない。

一　同一の事業の目的に供するため四ヘクタールを超える農地を農地以外のものにする行為（農村地域への産業の導入の促進等に関する法律（昭和四十六年法律第百十二号）その他の地域の開発又は整備に関する法律で政令で定めるもの（第三号において「地域整備法」という。）の定めるところに従つて農地を農地以外のものにする行為で政令で定める要件に該当するものを除く。次号において同じ。）に係る第四条第一項の許可をしようとする場合

二　同一の事業の目的に供するため四ヘクタールを超える農地を農地以外のものにする行為に係る第四条第八項の協議を成立させようとする場合

三　同一の事業の目的に供するため四ヘクタールを超える農地又はその農地と併せて採草放牧地について第三条第一項本文に掲げる権利を取得する行為（地域整備法の定めるところに従つてこれらの権利を取得する行為で政令で定める要件に該当するものを除く。次号において同じ。）に係る第五条第一項の許可をしようとする場合

四　同一の事業の目的に供するため四ヘクタールを超える農地又はその農地と併せて採草放牧地について第三条第一項本文に掲げる権利を取得する行為に係る第五条第四項の協議を成立させようとする場合

（農林水産大臣に対する協議を要しない四ヘクタールを超える農地の転用）

7　法附則第二項第一号の地域の開発又は整備に関する法律で政令で定めるものは、第四条第一項第二号ヘ(1)から(5)までに規定する法律とし、法附則第二項第一号の政令で定める要件は、同条第一項第二号ヘ(1)から(5)までに規定する法律の区分に応じ、それぞれ同号ヘ(1)から(5)までに掲げるものに該当することとする。

（農林水産大臣に対する協議を要しない四ヘクタールを超える農地又は採草放牧地の転用のための権利移動）

8　法附則第二項第三号の政令で定める要件は、第四条第一項第二号ヘ(1)から(5)までに規定する法律の区分に応じ、それぞれ同号ヘ(1)から(5)までに掲げるものに該当することとする。